投 考 公 務 員

基本法測試

模擬試卷精讀

Basic Law Test: Mock Paper

U0152155

精選16份模擬試卷，多達240條題目
投考JRE、CRE、紀律部隊人士適用

文化會社 culture cross

【序】

公務員薪高糧準，是不少人的理想工作，但無論你是考JRE、CRE，抑或紀律部隊，如要躋身公務員行列，都要成功通過「基本法測試」（Basic Law Test）這道必經門檻。

由於公務員事務局一方面沒有公開「基本法測試」的及格分數，另一方面又會以考生的測試成績，作為評估其整體能力的依據，結果令考生面對極大壓力，他們往往需要「去到盡」：以全取15題「滿分」為目標，有的甚至會選擇死記硬背《基本法》內的160條條文和多個附件內容，務求「一分也不能少」！

本書的出版，正好為考生提供解決方案。作者Fong Sir不但會通過輕鬆手法，幫助考生快速記憶《基本法》條文，更為考生準備了多達16份試卷，合共240條題目，內容由淺入深，務求幫你反覆操練至最佳狀態，讓你成功在望。

【目錄】

PART ONE
《基本法》快速記憶術

《基本法》條文繁多，涵蓋範圍廣闊，要記熟當中的條文絕不容易。有見及此，Fong Sir 特別為讀者介紹多個記憶方法：通過生活化例子，幫大家輕鬆記下重點內容。

序言：歷史背景 vs 列表記憶法

Fong Sir 筆記

雖然《基本法》「序言」部分只有短短一版，但考生已有多個重要日子需要記住。擔心「萬事起頭難」？不要緊，「列表記憶法」可以幫到你！

翻開「序言」，你會發現單單在第一段便經已有多個的重要日子需要熟記。
當中包括：

1. 1840 年：鴉片戰爭爆發
2. 1984 年：中、英兩國政府於 12 月 19 日簽署《中英聯合聲明》
3. 1997 年：中華人民共和國政府於 7 月 1 日恢復對香港行使主權
4. 1990 年：第七屆全國人民代表大會第三次會議，在 4 月 4 日通過並公佈《中華人民共和國香港特別行政區基本法》。（考生不要走漏這個寫在序言前的重要日期）

要記住這些枯燥乏味的數字，考生可以用「列表記憶法」幫你減輕大腦負擔。

何謂「列表記憶法」？

「列表記憶法」是把知識中的重要部分加以整理、分類與加工，然後把它們按圖表的形式列出來，令人看上去一目了然。由於在列表的過程中，左、右腦都參與工作，大大提高記憶成效。

具體操作

「列表記憶法」的具體操作如下：

步驟1：先畫一個表格，並填上數字

為方便理解，我們就先畫8格。待考生明白當中的原理後，再多畫幾格也未遲：

1	2	3	4
5	6	7	8

步驟2：將資料進行配對和聯想

舉「1」和「2」為例：

2a. 將「一國兩制」分拆成「一國」和「兩制」，並放入空格：

－ 在方格「1」內填上：一國，1C

－ 在方格「2」內填上：兩制，2S

（註：1C=One Country，2S=Two Systems）

1 一國：1C	2 兩制：2S	3
4	5	6

2b. 將英文字母「C」和「S」圈起：

1 一國：1Ⓒ	2 兩制：2Ⓢ	3
4	5	6

2c. 進行聯想：

聯想方法1：記「兩制」的定義

— 將「C」聯想成：Capitalist System（資本主義制度）

— 將「S」聯想成：Socialist System（社會主義制度）

1 一國：1Ⓒ Capitalist System	2 兩制：2Ⓢ Socialist System	3
4	5	6

「C-S」正好解釋「兩制」的定義，即「資本主義」和「社會主義」的結合。

聯想方法2：記《基本法》第五條內容

考生亦可以只利用「C-S」跟「Capitalist System」進行聯想——根據《基本法》第五條重點指出：「香港特別行政區保持原有的資本主義制度和生活方式」

1 一國：1Ⓒ Capitalist	2 兩制：2Ⓢ System	3
4	5	6

聯想方法3：記《基本法》歷史背景

試過在某一年的《基本法》測試，就有類似以下的問題：

題目：「一國兩制」的構思是由下列哪位提出？
　　　A. 戴卓爾
　　　B. 列根
　　　C. 鄧小平
　　　D. 以上皆不是
（答案：C）

假如考生不太熟悉歷史的話，便可能會失分。其實，記憶的方法十分簡單：考生可以將「一國兩制」內出現的「1」和「2」，分別聯想成舉起「一」隻手指和「兩」隻手指，將兩個動作結合並上下反轉，「1+2」就會變成「小」，故答案為「C」。

通過以上方法，只消兩格，便可以幫助考生牢記：(1)「兩制」的定義；(2)《基本法》第五條內容和(3)《基本法》的歷史背景——是否比起死記硬背容易得多？

其他記憶方法

至於其餘方格的資料可以是：

1. 方格「3」：第「三」次會議（《基本法》於「全國人民代表大會」第三次會議通過並公佈）
考生可以將之聯想成一個「三隻手指」的手勢（最好是「OK」手勢那種）：既代表《基本法》在第三次會議通過並公佈通過，也代表「OK咗」（獲得通過）

將三隻手指聯想成「通過」的意思

2. 方格「4」：4月4日（《基本法》的公佈日期）

為加強記憶，考生可將月份和日期內兩個「四」字，繪畫成兩個表情截然不同的表情：一個笑到「四萬咁口」，另一個則「年初四咁樣」——任何一項政策推出，總有人會覺得歡喜，亦有人覺得未夠滿意吧？

 VS

四萬咁口　　　　　　　「年初四咁樣」

3. 方格「7」：7月1日（中華人民共和國政府於1997年7月1日恢復對香港行使主權）

考生可以用「七一遊行」進行聯想：只要將「七一遊行」的文字排序稍為改動便行：

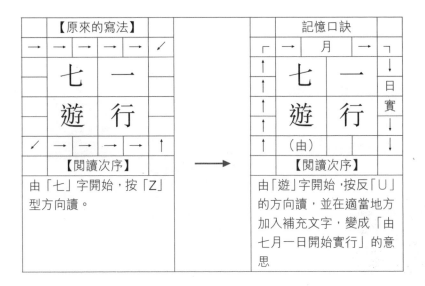

	【原來的寫法】				
→	→	→	→	→	╱
	七	一			
	遊	行			
╱	→	→	→	→	↑
	【閱讀次序】				

由「七」字開始，按「Ｚ」型方向讀。

		記憶口訣			
┌	→	月	→	┐	
↑	七	一		↓	日
↑	遊	行		↓	實
↑				↓	
↑	（由）				
	【閱讀次序】				

由「遊」字開始，按反「Ｕ」的方向讀，並在適當地方加入補充文字，變成「由七月一日開始實行」的意思

4. 方格「8」：84年（中、英兩國政府於1984年12月19日簽署《中英聯合聲明》）

至於如何牢記「12月19日」這個重要的日子？這點可以借《中英聯合聲明》的英文「Declaration」幫助記憶，因為該詞的首、尾字母「Ｄ」和「Ｎ」，正好跟「12月」(December)和「19日」(Nineteenth)兩字的首個字母吻合。

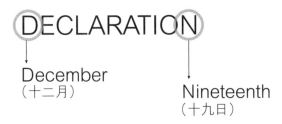

DECLARATION

December
（十二月）

Nineteenth
（十九日）

完成圖

完成後，便會得出下表：

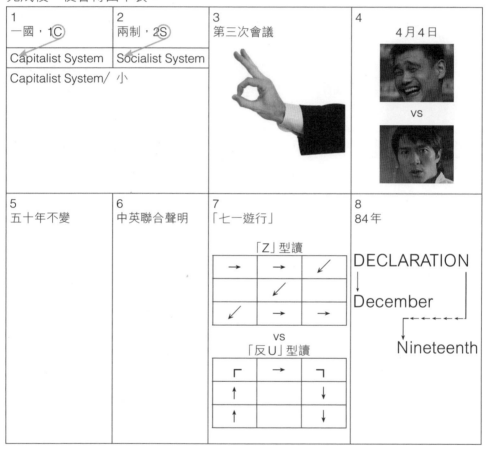

1 一國，1C Capitalist System Capitalist System／小	2 兩制，2S Socialist System	3 第三次會議	4 4月4日 vs
5 五十年不變	6 中英聯合聲明	7 「七一遊行」 「Z」型讀 vs 「反U」型讀	8 84年 DECLARATION ↓ December Nineteenth

不過，要留意在填資料時，其實只需記下「關鍵字眼」（keyword）便可，因為那只是幫助你「喚醒」（recall）記憶。到真正考試前，只要稍為看看上表便可。

當然，考生亦可以根據自己的喜好，又或者加入個人生活上的經歷，將資料進行聯想，並放入表中，便利記憶。

其他注意地方

最後提提考生，關於《基本法》的歷史背景，假如考生只是靠閱讀「序言」部分的資料便去應考，顯然並不足夠，Fong Sir 特此作以下補充，並附上記憶方法：

1. 英國根據《展拓香港界址專條》租借香港「新界」，租期為「99 年」。

記憶方法：

a. 畫一張香港地圖

b. 在新界的位置上畫很多「狗狗」；

c. 當時的新界乃荒蕪之地「租來『拓』咩」？ Bingo ！就是根據「拓咩」條例租借

2. 1840 年爆發鴉片戰爭

記憶方法：鴉片的英文為「Opium」，首字母「O」跟中文年份的「〇」類似

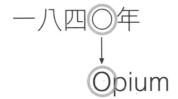

一八四〇年
↓
Opium

第一章：總則 vs Emoji 記憶法

Fong Sir 筆記

《基本法》第一章「總則」的篇幅雖短，但法律名詞頗多。考生如果不熟悉法律，又或者對讀法律不感興趣，恐怕會看到一頭霧水了。不過，「Emoji 記憶法」絕對可以幫到你！

如果說《基本法》序言的數字多，那麼本章就是專業名詞多，例如：

第二條：「全國人民代表大會授權香港特別行政區依照本法的規定實行高度自治，享有行政管理權、立法權、獨立的司法權和終審權。」

第八條：「香港原有法律，即普通法、衡平法、條例、附屬立法和習慣法，除同本法相抵觸或經香港特別行政區的立法機關作出修改者外，予以保留。」

單單上面兩條法例，便有至少 10 個法律名詞！考生如不熟悉法律，甚至對讀法律不感興趣，相信定會對此感到怕怕，更遑論去記住它們？別擔心，Fong Sir 的「Emoji（表情符號）記憶法」可以幫到你！

何謂「Emoji 記憶法」？

「Emoji 記憶法」是通過有趣的表情符號呼喚記憶（recall memory）的一種大腦學習方法。不過，要令它發揮最大的效益，並真正幫助大腦吸收，需要用到故事作串連。

具體操作

「Emoji記憶法」的具體操作為：

步驟1：先畫一個「3x6」的表格，並於第一行由左至右填上：（1）表情符號；（2）故事情節；（3）《基本法》相關條文

表情符號	故事情節	《基本法》相關條文

步驟2：構思故事，將資料進行配對和聯想

Fong Sir會構思一個「非常爺爺教孫追女仔」的故事——叫這位阿爺做「非常爺爺」也不為過，因為他最喜歡教孫仔如何追女仔，而且「金句」多的是：

 +

（爺爺）+(孫仔)

> 阿爺金句1：「乖孫，追女仔要『四得』！即係『睇得』、『Talk得』同『捨得』，否則『死得』！」

（Fong Sir按：大家姑且先記住這「四得」，因為這句好重要好重要好重要！《基本法》第一章的記憶方法就是由這句引申出來）。

看到這裡，相信讀者好容易會覺得：這個阿爺能夠跟孫仔講「追女經」，而孫仔又肯聽的話，相信二人的關係非常密切吧？

如果你都有同感，那就代表你經已輕鬆記到《基本法》第一條的內容了！

第一條列明:「香港特別行政區是中華人民共和國不可分離的部分。」條文所寫的「不可分離」,就好像這兩爺孫的「密切」關係。

於是,我們就可以在表內放上「爺爺」和「孫仔」的Emoji:

表情符號	故事情節	《基本法》相關條文
👴🧑	關係密切	第一條

2a.「追女『四得』」之一:睇得

> 阿爺金句2:「想『睇得』就要由髮型做起!呢樽髮蠟可以幫你gel到個頭好高,效果維持50年不變!」阿爺邊講邊拿出一瓶傳家之寶「正宗髮蠟」出來。

(髮蠟)+(髮型)

「正宗髮蠟」與「髮型」便是幫助考生記憶《基本法》第一章「第二條」和「第五條」的關鍵字:

第二條:「全國人民代表大會授權香港特別行政區依照本法的規定實行高度自治,享有行政管理權、立法權、獨立的司法權和終審權。

(Fong Sir按:條文中的四個法律名詞,讀者只消用「正宗髮蠟」就可以將之串連起來。即「正=政、宗=終、髮=法、蠟=立」)

第五條:「香港特別行政區不實行社會主義制度和政策,保持原有的資本主義制度和生活方式,五十年不變。(跟髮蠟的效力足可維持50年,「50年不變」相近)

於是，我們就可以將故事情節和表情符號放入表中，得出：

表情符號	故事情節	《基本法》相關條文
🧑👨	關係密切	第一條
型得：⚱️🙇	正宗髮蠟	第二條
	效果高企（高度自治）	第二條
	造型持久（50年不變）	第五條

2b.「追女『四得』」之二：Talk 得

阿爺金句3：「追女仔仲要識講兩文三語：講中文時，又要識英文。」

（口部）

阿爺對孫仔的語文要求，與《基本法》第九條的大意相近。

第九條內容寫到：「香港特別行政區的行政機關、立法機關和司法機關，除使用中文外，還可使用英文，英文也是正式語文。」兩者都會中、英並用。

於是，我們又可以將故事情節放入表中：

表情符號	故事情節	《基本法》相關條文
🧑👨	關係密切	第一條
型得：⚱️🙇	正宗髮蠟	第二條
	效果高企（高度自治）	第二條
	造型持久（50年不變）	第五條
Talk 得：🗣️	中、英文均會使用	第九條

2c.「追女『四得』」之三：捨得

阿爺金句4：「即使有個型頭，打扮都要平衡番～買條好啲嘅褲啦，唔好習慣買款式太普通。」

(長褲)

雖然阿爺今次金句比較長，但其實不難明白。Fong Sir在以下將兩者列出、對比，便會知道答案。
－《基本法》第八條：「……(1)普通法、(2)衡平法、(3)條例、(4)附屬立法和
(5)習慣法……」（條文內容詳見《基本法》原文）
－「阿爺金句」（追女「四得」之三）：「……(2)平衡番……買(3)條好啲嘅(4)
褲……唔好(5)習慣……(1)普通。」

只要將兩句的關鍵字前面的數字進行配對，便可以知道阿爺講的，是跟《基本法》第八條有關，即：
(2)「平衡」是「衡平」的前後對調
(3)條例，取單字「條」
(4)褲：「附」屬立法的諧音
(5)習慣：習慣法
(1)普通：普通法

於是，我們又可以將故事情節放入表中：

表情符號	故事情節	《基本法》相關條文
👨👨	關係密切	第一條

		正宗髮蠟	第二條
型得：		效果高企（高度自治）	第二條
		造型持久（50年不變）	第五條
Talk得：		中、英文均會使用	第九條
捨得：		褲款和價錢	第八條

2d.「追女『四得』」之四：死得

> 阿爺金句5：「話畀你聽，如果唔聽阿爺話，「死得！實死冇生！」

(白車)

對照《基本法》第十條提到香港特別行政區的區徽周圍寫有「中華人民共和國香港特別行政區」這14個中文字，與故事中的「阿爺」提到的「實死」諧音相近。（見下表）

於是，我們又可以將故事情節放入表中：

表情符號	故事情節	《基本法》相關條文
	關係密切	第一條
型得：	正宗髮蠟	第二條
	效果高企（高度自治）	第二條
	造型持久（50年不變）	第五條
Talk得：	中、英文均會使用	第九條

捨得：	👖	褲款和價錢	第八條
死得：	🚑	「唔跟的話，實死冇生！」	第十條

為方便考生在試前作最後衝刺，現將Emoji重新排列，並附上「阿爺金句」方便溫習。讓大家一目了然。

追女「四得」Summary

阿爺 ＋ 孫仔 → 髮蠟 ＋ 頭髮 → 口部 → 褲 → 白車

睇得　　　　Talk得　　捨得　　死得

「非常阿爺」5大金句

1.「追女仔要『四得』！即係『睇得』、『Talk得』同『捨得』，否則『死得』！」
2..「想『睇得』就要由髮型做起！呢樽髮蠟可以幫你gel到個頭好高，效果維持50年不變！」
3.「追女仔仲要識講兩文三語：講中文時，又要識英文。」
4.「即使有個型頭，打扮都要平衡番～買條好啲嘅褲啦，唔好習慣買款式太普通。」
5.「話畀你聽，如果唔聽阿爺話，「死得！實死冇生！」

Fong Sir以上的記憶方法只為拋磚引玉，並作提綱挈領之用，考生可自由增減。因為通過自己的創作，記憶的成效會顯著提高。

第二章：中港關係 vs 成語記憶法

Fong Sir 筆記

由《基本法》第二章「中央和香港特別行政區的關係」起，條文將會逐漸增多，考問方式亦越見刁鑽，近年甚至出現過一種新的出題方式：要求考生選出正確的條文編號。為幫助考生應付這種新題型，Fong Sir 特別撰寫了「成語記憶法」，方便考生備戰。

何謂「成語記憶法」？

「成語記憶法」是指通過成語的幫助，來達到增強記憶的方法。因篇幅所限，Fong Sir 在本篇先示範如何將「成語記憶法」，應用到記憶《基本法》第十三至十七條的內容上。

具體操作

在開始講解「成語記憶法」的具體操作前，先看看上面提到的條文所觸及的範疇：

－ 第十三條：外交、對外事務
－ 第十四條：防務、社會治安
－ 第十五條：官員任命
－ 第十六條：行政管理
－ 第十七條：立法權

對內容有一定的掌握後，便可以開始進行記憶。

步驟1：先畫一個「2x6」的表格，於第一行的左、右兩欄，分別填上「條例」和「內容」

條例	內容

步驟2：構思故事，將資料進行配對和聯想

Fong Sir 構思的故事叫「阿源追女仔」：假設「阿源」是一個沒有拍拖經驗的男生。他為打破宿命，於是向深受女生歡迎的「小鮮肉」請教如何求得所愛。以下是二人的對話：

2a. 場景一：「一生 一世」

阿源：「我唔想一世都咁毒呀！」（關鍵詞：一世）

小鮮肉：「咁你先要換番副眼鏡，鏡片起晒霧！戴副防霧鏡，寫字都方便啲。」（關鍵詞：防霧、寫字）

為方便記憶，Fong Sir 特別在阿源和小鮮肉的對話附近列出「關鍵詞」，這些字詞正好就是有關條例的重點所在，例如「一世」＝「（第）一四（條）」、「防霧」＝「防務」、「寫字」＝「社（會）治（安）」。

於是，考生就可以在表上填寫「十四，防務，社會治安」。

條例	內容
十四	防務、社會治安

小鮮肉：「唔執執個look好妨礙交往，搵人幫你或者會有一線生機。」（關鍵詞：礙交、一生）

關鍵詞：「礙交」＝「外交」、「一生」＝「一三」的諧音

於是，考生就可以在表內填上「十三，外交」。

條例	內容
十四	防務、社會治安
十三	外交

2b. 場景二：「十五 十六」

由於阿源不太習慣做決定，所以一時間決定不了找誰做形象設計，令阿源個心「十五十六」：一時十五，一時又十六。（關鍵詞：十五、十六）

由於「找誰去做」與人事任命有關，而「人事任命」又跟行政管理扯上關係，所以這兩項被「編排」在《基本法》第十五條、第十六條是可以作這樣的理解。

於是，考生就可以在表內填上「十五，人事任命」，以及「十六，行政管理」。

條例	內容
十四	防務、社會治安
十三	外交
十五	人事任命
十六	行政管理

2c. 小結：第十三至十六條的因果關係

換句話說，考生可以用「因果關係」進行理解：

（1）假如十三、十四是「因」，那麼十五、十六便是「果」；

（2）假如十四是「因」，那麼十三便是「果」；

（3）假如十五是「因」，那麼十六便是「果」；

於是，單憑一個四字成語，就可以清楚記得條文的數字編號、出現的先後次序，以及條文間的相互關係，是不是很容易？

條例	內容
十四	防務、社會治安
十三	外交
十五	人事任命
十六	行政管理

2d. 場景三：女人心，海底針

皇天不負有心人，阿源得到幸運之神眷顧，終於成功約到女神！阿源於是向形象顧問求教如何整理髮型。為令阿源一擊即中，二人更「一起」去「蠟髮」——《基本法》第十七條講的，正好是立法問題。（關鍵詞：一起、蠟髮）

（Fong Sir按：用「一七」去記，不用「十七」，因為「一七」的國語讀音剛好跟「一起」相同）

條例	內容
十四	防務、社會治安
十三	外交
十五	人事任命
十六	行政管理
十七	立法

至於第十七條內提到：「全國人民代表大會常務委員會……如認為香港特別行政區立法機關制定的任何法律不符合本法關於中央管理的事務及中央和香港特別行政區的關係的條款，可將有關法律發回，但不作修改」的部分。這種「不符合→發回→不作修改→失效」的模式，是否跟不少男生投訴女生難以捉摸很相像？不合意思但卻不會告訴你哪裡不滿，那你這個「兵仔」恐怕隨時會被踢走。

所以說，條文即使內容沉悶，但只要加點想像力，一樣可以令事情變得易讀易明。當然上述只是提綱挈領地帶出《基本法》的部分條文內容，而不是條例的全部，考生需翻閱《基本法》原文，再在 Fong Sir 的記憶方法上作增減和潤飾。

第三章：權利和義務 vs 情緒記憶法

Fong Sir 筆記

《基本法》第三章「居民的基本權利和義務」的條文雖然繁多，但每條的內容都比較簡單，字數亦較少。理論上，當內容相對易記易讀的情況下，考生應會失分較少，但實情原來剛好相反，顯示：

（1）正因內容偏易，令考生掉以輕心，於是出現跳讀、略讀，甚至「唔讀」等情況；或

（2）考生欠缺記憶方法

Fong Sir 對於這種無壓力下犯錯，絕對是比悲傷更悲傷的故事。既然那樣悲傷，倒不如就教大家「情感記憶法」以釋懷。

開講有話：「睇餸食飯」。所以在開始記憶前，我們先看看本章內主要條文所涵蓋的範圍：

第二十五條： 法律
第二十六條： 選舉
第二十七條： 言論、新聞、出版、結社、集會、遊行、示威、組織和參加工會、罷工
第二十八條： 人身自由
第二十九條： 住宅和房屋
第三十條：　 通訊
第三十一條： 遷徙、移居、旅行、出入境
第三十二條： 信仰

第三十三條：選擇職業
第三十四條：學術研究、文藝創作、文化活動
第三十六條：社會福利
第三十七條：婚姻和生育

何謂「情緒記憶法」？

什麼叫「情緒記憶」？不如做個試驗：現在請讀者回想最近一次的恐懼記憶，又或最開心的記憶。相信大家一定會有清楚的畫面或聲音或味道。對，這就是「情緒記憶」了。

當我們有強烈情緒時，大腦特定部分會處於高度激發狀態，自然而然就很容易形成神經元連結，這時候要記東西是很容易記得起來。所以，考生不妨在記憶時加入一些情緒。

具體操作

既然要記一些「痛」，那就不如用最痛的「男人最痛：不舉」幫助記憶。至於具體操作如下：

步驟1：先畫一個表，並從上述條文中各抽取關鍵字，放入表格之內。

《基本法》條文	內容	關鍵字
第二十五條	法律的權利	法
第二十六條	選舉權和被選舉權	舉
第二十七條	言論、新聞、出版、結社、集會、遊行、示威、組織和參加工會、罷工等方面的自由和權利	論
第二十八條	人身自由	身
第二十九條	人身安全（住宅和房屋）	安
第三十條	通訊自由	訊
第三十一條	遷徙、移居、旅行、出入境的自由	居
第三十二條	信仰的自由	信
第三十三條	選擇職業的自由	業
第三十四條	進行學術研究、文學藝術創作、文化活動的自由	創
第三十六條	社會福利的權利	福
第三十七條	婚姻的自由和自願生育的權利	婚

步驟2：列出關鍵字

關鍵字：法、舉、論、身、安、訊、居、信、業、創、福、婚

步驟3：將關鍵字重新排列，使之成為有意思的句子

Fong Sir 會根據「男人最痛：不舉」的故事情節，將關鍵字重新排列成以下的次序：

法、舉、論、身、安、訊、居、信、業、創、福、婚（重新排列前）

舉、論、婚、居、身、法、福、安、信/訊、創、業（重新排列後）

至於故事情節則為：「太太嫌丈夫不舉，於是跟對方談論分居。男子步入中年危機，身體發福。他為重振雄風，於是問安信借錢創業。」

上述的故事情節如何跟關鍵字扯上關係？只要觀看下表，便可以知道得一清二楚：

故事情節	關鍵字眼	《基本法》相關條文
太太嫌丈夫不舉	舉：選舉權和被選舉權	第二十六條
於是跟對方談論分居	論：言論自由	第二十七條
	分：婚姻自由	第三十七條
	居：遷徙、移居等自由	第三十一條
男子步入中年危機	不適用	（過渡句）
身體發福	身：人身自由	第二十八條
	發：法律的權利	第二十五條
	福：社會福利的權利	第三十六條
他為重振雄風	不適用	（過渡句）
於是問安信借錢創業	安：人身安全	第二十九條
	信：通訊自由/信仰自由	第三十條、第三十二條
	創：創作自由	第三十四條
	業：選擇職業的自由	第三十三條

第四章：
政治體制 vs 鄭中基 嬲豬 八字真言

Fong Sir 筆記

《基本法》第四章「政治體制」的篇幅長達12頁，條文共82條，涵蓋的範圍橫跨「行政長官」、「行政機關」、「立法機關」、「司法機關」、「區域組織」到「公務人員」等多個環節。如能熟讀本章內容，相信通過「基本法測試」的機會勢必大增。

假如考生都經已明白，並能夠靈活運用Fong Sir之前提到的記憶法（列表法、Emoji記憶法、成語記憶法等）的話，那麼要記住本章的內容絕對是駕輕就熟。亦由於上述原因，Fong Sir在本文會集中火力，處理第四章內幾個較常考，而又較難記的條文內容之記憶方法。這些條例分別是：

－《基本法》第四十五條
－《基本法》第七十二條
－《基本法》第七十九條

1. 選舉委員會 x 鄭中基

《基本法》第四十五條是講述行政長官的產生辦法，考生在溫習時須翻閱「附件一」（及其文件一、二）同時處理。當中以「選舉委會員」的組成部分最難記。不過，Fong Sir有方法！

步驟1：製作表格，並抽取原文資料放於格內

組成部分	界別	人數
1	工商、金融界	300人
2	專業界	300人
3	勞工、社會服務、宗教等界	300人
4	立法會議員、區議會議員的代表、鄉議局的代表、香港特別行政區全國人大代表、香港特別行政區全國政協委員的代表	300人

步驟2：整理資料、抽取關鍵字

為方便記憶，Fong Sir會將上述資料稍為改動，並加入關鍵字：

組成部分	界別	關鍵字	人數
1	工商	工	300
	金融界	金	
2	專業界	專業	300
3	鄉議局的代表	議	300
	立法會議員	立	
	香港特別行政區全國人大代表	人	
	區議會議員的代表	區	
	香港特別行政區全國政協委員的代表	港、協	
4	宗教	宗	300
	基層（社會服務）	基	
	勞工等界	勞	

步驟3：列出所抽取的關鍵字，並重新排列成有意思的句子

關鍵字眼：工、金、專業、議、立、人、區、港、協、宗、基、勞

重新排列：宗、基、勞、議、立、人、區、港、協、專業、金、工

步驟4：通過故事強化記憶

要將關鍵字串連起來，Fong Sir構思一個「鄭中基醉酒鬧事事件簿」的
故事 (註1)

以下是虛構的故事情節：「鄭中基醉酒後好勞嘈，已立即被人從機上驅趕！
佢好怯，因為咁會影響專業形象，隨時冇得出埠挖金，要轉工。」

至於上述的故事情節如何跟關鍵字扯上關係？觀看下表便可以知道得一清二
楚了：

故事情節	關鍵字眼	代表意思	選舉委會員組成部分之代號
鄭中基醉酒後好勞嘈	中	宗（「中」的諧音）教	4
	基	基層（社會服務）	4
	勞	勞工界	4
已立即被人從機上驅趕	已	鄉議（「已」）局的代表	3
	立	立法會議員	3
	人	香港特別行政區全國人大代表	3
	驅	區（「驅」）議會議員的代表	3
	趕	香港（「趕」）特別行政區全國政協（「怯」）委員的代表	3
佢好怯	怯		3
因為咁會影響專業形象	專業	專業界	2
隨時冇得出埠挖金	金	金融界	1
要轉工	工	工商	1

至於「300人」又該如何記？假如考生不嫌粗俗的話，可以加入設計對白：「臭三八！」（代表「300」），又或者將之聯想為醉酒行為，以為自己是《戰狼300》的勇悍戰士。總之各適其適，悉隨尊便。

（註1）Fong Sit 認為說這是「故事」其實並又不完全正確，因為這的而且確是發生於多年前的一宗新聞，但事件的過程又跟 Fong Sir 以下所講的並不相同，或者叫「借題發揮」會更合適吧！不過，列舉的目的，旨在提綱挈領幫助讀者記憶，故不必過於深究事實的真相。

2. 立法會主席 x 嬲豬

在記憶《基本法》第七十二條有關「立法會主席職權」時，可以用「Haters」（「嬲嬲豬」）幫助記憶。具體操作如下：

步驟1：抽取條例原文
第七十二條的內容如下：
香港特別行政區立法會主席行使下列職權：
（一）主持會議；
（二）決定議程，政府提出的議案須優先列入議程；
（三）決定開會時間；
（四）在休會期間可召開特別會議；
（五）應行政長官的要求召開緊急會議；
（六）立法會議事規則所規定的其他職權。

步驟2：抽取關鍵字

工作	內容	英文	關鍵字
1	主持會議	Host	H
2	決定議程，政府提出的議案須優先列入議程	Agenda	A
3	決定開會時間	Time	T
4	在休會期間可召開特別會議	Rest	R
5	應行政長官的要求召開緊急會議	Special	S
6	立法會議事規則所規定的其他職權	Exclude	E

步驟3：將關鍵字重新排列

關鍵字：H, A, T, R, S, E

重新排列：H, A, T, E, R, S

於是就成「Haters」（嬲嬲豬）了——用這樣的方法去記，是否生活化得多？

3. 議員資格 x 八字真言

在記憶《基本法》第七十九條有關「喪失立法會議員資格」的條文時，可以用到「八字真言」幫助記憶。至於是哪八個字？ Fong Sir 暫時先賣個關子。

步驟1：抽出條例原文

第七十九條：香港特別行政區立法會議員如有下列情況之一，由立法會主席宣告其喪失立法會議員的資格：

（一）因嚴重疾病或其他情況無力履行職務；

（二）未得到立法會主席的同意，連續三個月不出席會議而無合理解釋者；

（三）喪失或放棄香港特別行政區永久性居民的身份；

（四）接受政府的委任而出任公務人員；

（五）破產或經法庭裁定償還債務而不履行；

（六）在香港特別行政區區內或區外被判犯有刑事罪行，判處監禁一個月以上，並經立法會出席會議的議員三分之二通過解除其職務；

（七）行為不檢或違反誓言而經立法會出席會議的議員三分之二通過譴責。

步驟2：抽取關鍵字

工作	內容	關鍵字及意思
1	因嚴重疾病或其他情況無力履行職務	病、色、死 （病到「五顏六色/就死」）
2	未得到立法會主席的同意，連續三個月不出席會議而無合理解釋者	走「老」 （連續三個月不出席會議＝「走佬」）
3	喪失或放棄香港特別行政區永久性居民的身份	棄
4	接受政府的委任而出任公務人員	生 （有「鐵飯碗」＝有條生路）
5	破產或經法庭裁定償還債務而不履行	財、裁 （「財」跟「破產」的意思相關）
6	在香港特別行政區區內或區外被判犯有刑事罪行，判處監禁一個月以上，並經立法會出席會議的議員三分之二通過解除其職務	裁（定罪）
7	行為不檢或違反誓言而經立法會出席會議的議員三分之二通過譴責	棄

步驟3：將關鍵字重新排列

關鍵字眼：病、色、死、走、老、棄、生、財/裁

重新排列：走、色、財/裁、棄、生、老、病、死

於是就成了「八字真言」：酒色財氣，生老病死。

第五章和第六章：考試重點

— 第五章：經濟
— 第六章：教育、科學、文化、體育、宗教、勞工和社會服務

Fong Sir 筆記

來到《基本法》第五章「經濟」，相信考生都經已懂得靈活運用 Fong Sir 之前提到的記憶法，故由本章開始，Fong Sir 首先會對部分章節作合併處理，例如本文會將第五和第六章（教育、科學、文化、體育、宗教、勞工和社會服務）納為一章，並講解兩章的考試重點。

Fong Sir 認為，第五章雖是其中比較易讀和易理解的一章，需要用到記憶法的地方不多。但都有值得留意的地方，例如：「中國香港」名詞，就首次在《基本法》中出現，故考生需要留意寫有「中國香港」的《基本法》條文（如第116、125條）。

類似的考題有：

問1：　香港特別行政區可以通過什麼名義，參加關於國際紡織品貿易安排等，有關國際組織之協訂？

A. 香港特別行政區

B. 中國香港

C. 中華人民共和國香港

D. 中國香港特區

（答案：B）

問2： 香港特別行政區政府會以哪種名義，頒發有關船舶登記之證件？
   A. 香港特別行政區
   B. 中國香港特區
   C. 中國香港
   D. 中華人民共和國香港
   （答案：C）

至於第六章「教育、科學、文化、體育、宗教、勞工和社會服務」亦相當易讀，雖然該章共有14條條文，涵蓋的範圍亦廣，但條文均是圍繞同一個中心思想：自行制定、自主性或類似意思，例如：

教育：
－ 香港特別行政區政府可自行制定教育的發展和改進的政策（第一百三十六條）
－ 各類院校均可保留其自主性並享有學術自由（第一百三十七條）

醫療：
香港特別行政區政府自行制定發展中西醫藥和促進醫療衛生服務的政策。（第一百三十八條）

科學技術政策：
香港特別行政區政府自行制定科學技術政策（第一百三十九條）

文化政策：
香港特別行政區政府自行制定文化政策（第一百四十條）

宗教：

香港特別行政區政府不限制宗教信仰自由，不干預宗教組織的內部事務，不限制與香港特別行政區法律沒有抵觸的宗教活動。（第一百四十一條）

亦可能是由於本章的內容，較之前的章節都要易明和直接，即「陰人位」不多，故在「基本法測試」中有關這章的題目多年來都一直不多。

雖然清楚易讀，但讀者須留意的是：Fong Sir 上述引述的，都只是節錄部分條文的部分內容，詳細內容請參考《基本法》小冊子或瀏覽網上版本。

第七章至第九章：試前必溫

－第七章：對外事務
－第八章：本法的解釋和修改
－第九章：附則

Fong Sir筆記

來到本書最後一份「Fong Sir筆記」：《基本法》第七至九章，情況跟前面第五章和第六章相若，都是《基本法》中較易讀易明的篇章，由於需要用到記憶法的地方同樣不多，故Fong Sir在下面只會列出各章內試前「必溫」的地方。

各章考試重點：

1. 第七章：對外事務
－ 考生要留意在第七章中，有關「中國香港」曾出現的《基本法》條文（第151條、第152條）
－ 參與對外事務時所用到的名義（「中華人民共和國政府代表團的成員」「中國香港」）
－ 留意香港特別行政區處理對外事務的權力

2. 第八章：本法的解釋和修改
－ 本章中只有兩條《基本法》條文，不難讀。
－ 考生需留意《基本法》的解釋權「由誰解釋」上的問題，即什麼情況下是由「香港特別行政區法院」解釋，又在哪些條件下，是由「全國人民

代表大會常務委員會」解釋

－考生注意《基本法》的修改過程

3. 第九章：附則

a. 附件一：考生需留意「文件一」和「文件二」的分別（留意是兩屆行政長官的產生辦法啊！小心不要搞錯。不過，考生可以放心，「基本法測試」通常都只會問「文件二」的內容，就用在第四章出現過的「鄭中基醉酒鬧事事件簿」幫助記憶吧！）

b. 附件二：考生需留意議席的人數

c. 文件三：可略讀，或跳讀

d. 文件四：講述「2012年第五屆立法會」共70名議員中，由「功能團體」和「分區直選」的議員數目。由於兩者都是「35」人，（考生或者可以用成語「三五成群」幫助記憶）

e. 附件三：講「在香港特別行政區實施的全國性法律」。不過考生可以放心，過往的「基本法測試」較少考這部分。

f. 文件五：同上

g. 文件六：考生需認清香港特別行政區「區旗」和「區徽」

h. 由文件七至二十六，由於往年甚少考問，故Fong Sir認為考生大可不必細讀。

PART TWO
《基本法》模擬試卷

基本法測試全卷共 15 題，以多項選擇題為主。應試者須在 20 分鐘內完成所有題目，滿分為 100 分。

文 化 會 社 出 版 社
投考公務員 模擬試題王

基本法測試
模擬試卷（一）

時間：二十分鐘

考生須知：

（一）細讀答題紙上的指示。宣布開考後，考生須首先於適當位置貼上電腦條碼及填上各項所需資料。宣布停筆後，考生不會獲得額外時間貼上電腦條碼。

（二）試場主任宣布開卷後，考生請檢查試題冊及確定試題冊內共十五條試題。第十五條後會有「**全卷完**」的字眼。

（三）本試卷各題佔分相等。

（四）**本試卷全部試題均須回答**。為便於修正答案，考生宜用 HB 鉛筆把答案填畫在答題紙上。錯誤答案可用潔淨膠擦將筆痕徹底擦去。考生須清楚填畫答案，否則會因答案未能被辨認而失分。

（五）每題只可填畫**一個**答案。如填劃超過一個答案，該題將**不獲評分**。

（六）答案錯誤，不另扣分。

（七）未經許多，請勿打開試題冊。

1. 根據哪一條條約，香港島被英國割佔？
   A. 北京條約
   B. 望廈條約
   C. 馬關草約
   D. 南京條約

2. 以下哪些是現時列於《基本法》附件三的全國性法律？
   (i)《關於中華人民共和國國都、紀年、國歌、國旗的決議》
   (ii)《中華人民共和國領事特權與豁免條例》
   (iii)《中華人民共和國香港特別行政區駐軍法》
   (iv)《中華人民共和國外國中央銀行財產司法強制措施豁免法》
   A. (i),(ii),(iii)
   B. (i),(iii),(iv)
   C. (ii),(iii),(iv)
   D. (i),(ii),(iii),(iv)

3. 根據《基本法》規定，香港特別行政區保持原有的資本主義制度和生活
   方式多少年不變？
   A. 50年
   B. 75年
   C. 100年
   D. 125年

4. 香港特別行政區保持原有的甚麼制度五十年不變？
   A. 社會主義制度
   B. 社會主義市場經濟制度
   C. 保護主義制度
   D. 資本主義制度

5. 根據《基本法》第四十二條，香港居民有甚麼義務？
   A. 遵守香港特別行政區實行的法律
   B. 服兵役
   C. 交稅
   D. 投票

6. 在下列哪種情況發生時，中央人民政府可發布命令將有關的全國性法律在香港特別行政區實施？
   A. 香港發生極嚴重的天災
   B. 香港經濟出現衰退
   C. 香港行政長官出缺
   D. 全國人民代表大會常務委員會決定宣布戰爭狀態

7. 根據《基本法》，香港特別行政區非永久性居民未能依法享有以下哪項權利？
   (i) 社會福利的權利
   (ii) 選舉權
   (iii) 對行政部門和行政人員的行為向法院提起訴訟
   A. (i)
   B. (ii)
   C. (iii)
   D. (i),(ii),(iii)

8. 根據《基本法》第四十七條，香港特別行政區行政長官必須：
   (i) 廉潔奉公
   (ii) 大公無私
   (iii) 盡忠職守
   A. (i),(ii)
   B. (i),(iii)
   C. (ii),(iii)
   D. (i),(ii),(iii)

9. 立法會議事規則由哪個機構制定？
   A. 行政會議
   B. 立法會自行制定
   C. 終審法院
   D. 律政司

10. 根據《基本法》第一百五十八條，如香港特別行政區法院在審理案件時需要對《基本法》關於中央人民政府管理的事務或中央和香港特別行政區關係的條款進行解釋，而該條款的解釋又影響到案件的判決，在＿＿＿＿＿＿＿＿＿＿，應由香港特別行政區終審法院請全國人民代表大會常務委員會對有關條款作出解釋。
    A. 對該案件作出不可上訴的終局判決前
    B. 香港特別行政區的全國人民代表大會代表三分之二多數同意進行解釋後
    C. 香港特別行政區行政長官同意進行解釋後
    D. 三分之二的行政會議成員同意進行解釋後

11. 香港特別行政區廉政公署對誰人負責？
    A. 行政長官
    B. 終審法院首席法官
    C. 政務司司長
    D. 獨立工作，不向任何人負責

12. 根據《基本法》第一百零九條的規定，香港特別行政區政府提供適當的經濟和法律環境，以保持香港的＿＿＿＿＿＿＿＿＿地位。
    A. 國際金融中心
    B. 國際航運中心
    C. 國際旅遊中心
    D. 國際購物中心

13. 香港特別行政區政府自行制定文化政策，以法律保護作者在文學藝術創作中所獲得的 _____ 。
   A. 銷售利益和創意
   B. 銷售利益和版權
   C. 創意和合法權益
   D. 成果和合法權益

14. 哪個機構獲中央人民政府授權依照法律簽發中華人民共和國香港特別行政區護照？
   A. 中央人民政府駐香港特別行政區聯絡辦公室
   B. 國務院港澳事務辦公室
   C. 香港特別行政區政府
   D. 中國外交部駐香港特別行政區特派員公署

15. 哪一個機構授權香港特別行政區法院在審理案件時對《基本法》關於香港特別行政區自治範圍內的條款自行解釋？
   A. 全國人民代表大會常務委員會
   B. 中央人民政府
   C. 最高人民法院
   D. 中國人民政治協商會議

—全卷完—

CRE-BLT

文化會社出版社 **CULTURE CROSS LIMITED**

答題紙 ANSWER SHEET

(1) 考生編號 Candidate No.

(2) 考生姓名 Name of Candidate

宜用H.B.鉛筆作答
You are advised to use H.B. Pencils

(3) 考生簽署 Signature of Candidate

考生須依照下圖所示填畫答案：

23 A B C D

錯填答案可使用潔淨膠擦將筆痕徹底擦去。

切勿摺皺此答題紙

Mark your answer as follows:

23 A B C D

Wrong marks should be completely erased with a clean rubber.

DO NOT FOLD THIS SHEET

	A B C D		A B C D		A B C D
1		21		41	
2		22		42	
3		23		43	
4		24		44	
5		25		45	
6		26		46	
7		27		47	
8		28		48	
9		29		49	
10		30		50	
11		31		51	
12		32		52	
13		33		53	
14		34		54	
15		35		55	
16		36		56	
17		37		57	
18		38		58	
19		39		59	
20		40		60	

文化會社出版社
投考公務員 模擬試題王

基本法測試
模擬試卷（二）

時間：二十分鐘

考生須知：

（一）細讀答題紙上的指示。宣布開考後，考生須首先於適當位置貼上電腦條碼及填上各項所需資料。宣布停筆後，考生不會獲得額外時間貼上電腦條碼。

（二）試場主任宣布開卷後，考生請檢查試題冊及確定試題冊內共十五條試題。第十五條後會有「**全卷完**」的字眼。

（三）本試卷各題佔分相等。

（四）**本試卷全部試題均須回答**。為便於修正答案，考生宜用HB鉛筆把答案填畫在答題紙上。錯誤答案可用潔淨膠擦將筆痕徹底擦去。考生須清楚填畫答案，否則會因答案未能被辨認而失分。

（五）每題只可填畫**一個**答案。如填劃超過一個答案，該題將**不獲評分**。

（六）答案錯誤，不另扣分。

（七）未經許多，請勿打開試題冊。

1. 制訂《基本法》的目的是為了 _____ 。
   A. 使香港從資本主義過渡到社會主義
   B. 保證在香港實行自治
   C. 保障國家對香港的基本方針政策的實施
   D. 保持香港原有的生活方式永遠不變

2. 香港特別行政區的行政機關、立法機關和司法機關，除使用中文外，還可以使用甚麼語文？
   A. 日文
   B. 英文
   C. 法文
   D. 葡文

3. 根據《基本法》第一百五十一條，香港特別行政區可在下列哪些領域，以「中國香港」的名義，單獨地同世界各國、各地區及有關國際組織保持和發展關係，簽訂和履行有關協議？
   (i) 外交
   (ii) 經濟
   (iii) 金融
   (iv) 航運
   A. (i),(ii),(iii)
   B. (i),(iii),(iv)
   C. (ii),(iii),(iv)
   D. (i),(ii),(iii),(iv)

4. 全國人民代表大會常務委員會在對列於《基本法》附件三的法律作出增減前，會徵詢誰的意見？
   (i) 其所屬的香港特別行政區基本法委員會
   (ii) 中央人民政府
   (iii) 最高人民法院
   (iv) 香港特別行政區政府
   A. (i),(ii)
   B. (ii),(iii)
   C. (i),(iv)
   D. (ii),(iv)

5. 《基本法》對香港特別行政區的立法機關制定的法律有甚麼規定？
   A. 須報中央人民政府備案
   B. 須報最高人民法院備案
   C. 須報中國人民政治協商會議備案
   D. 須報全國人民代表大會常務委員會備案

6. 根據《基本法》第二十條，香港特別行政區可享有哪些機關授予的其他權力？
   (i) 全國人民代表大會
   (ii) 全國人民代表大會常務委員會
   (iii) 最高人民法院
   (iv) 中央人民政府
   A. (i),(ii),(iii)
   B. (i),(ii),(iv)
   C. (ii),(iii),(iv)
   D. (i),(ii),(iii),(iv)

7. 回歸之後，香港司法體制有甚麼變化？
   A. 設立上訴法庭
   B. 設立原訟法庭
   C. 設立終審法院
   D. 設立區域法院

8. 根據《基本法》的規定，哪一個香港特別行政區機構主管刑事檢察工作，不受任何干涉？
   A. 香港警務處
   B. 律政司
   C. 政務司司長辦公室
   D. 香港法院

9. 香港特別行政區立法會的產生辦法最終要達至甚麼目標？
   A. 由一個有廣泛代表性的提名委員會按民主程序提名後普選產生全部議員
   B. 全部議員由普選產生
   C. 超過四分之三議員由普選產生
   D. 民選議員與功能組別議員各佔一半

10. 根據《基本法》，香港特別行政區立法會議員如有下列哪些情況，由立法會主席宣告其喪失立法會議員的資格？
    (i) 破產或經法庭裁定償還債務而不履行
    (ii) 在香港特別行政區區內或區外被判犯有刑事罪行，判處監禁一個月以上，並經立法會出席會議的議員三分之二通過解除其職務
    (iii) 行為不檢或違反誓言而經立法會出席會議的議員二分之一通過譴責
    A. (i),(ii)
    B. (i),(iii)
    C. (ii),(iii)
    D. (i),(ii),(iii)

11. 香港特別行政區為 ＿＿＿＿＿＿＿ 的關稅地區。
    A. 附屬於世界銀行
    B. 附屬於世界貿易組織
    C. 單獨
    D. 附屬於中央人民政府

12. 根據《基本法》第一百三十七條，各類院校 ＿＿＿＿＿＿＿。
    A. 必須從內地聘請若干比例的教職員
    B. 不可從香港特別行政區以外聘請教職員
    C. 可繼續從香港特別行政區以外招聘教職員
    D. 可繼續從香港特別行政區以外招聘教職員，但不能超過教職員總數的一半

13. 香港特別行政區的區旗和區徽上的是哪一種花？
    A. 紫荊花
    B. 太陽花
    C. 大紅花
    D. 牡丹花

14. 香港特別行政區行政長官的一任任期為多少年？
    A. 2年
    B. 3年
    C. 4年
    D. 5年

15. 根據《基本法》附件二的規定，二零零七年以後如需修改附件二有關香港特別行政區立法會法案、議案的表決程序的規定，須經立法會全體議員三分之二多數通過，＿＿＿＿＿＿同意，並報＿＿＿＿＿＿備案。
    A. 行政長官；全國人民代表大會常務委員會
    B. 行政長官；全國人民代表大會
    C. 立法會主席；全國人民代表大會常務委員會
    D. 立法會主席；全國人民代表大會

—全卷完—

CRE-BLT

文化會社出版社 **CULTURE CROSS LIMITED**

答題紙 ANSWER SHEET

請在此貼上電腦條碼 Please stick the barcode label here

(1) 考生編號 Candidate No.

(2) 考生姓名 Name of Candidate

宜用H.B.鉛筆作答
You are advised to use H.B. Pencils

(3) 考生簽署 Signature of Candidate

考生須依照下圖所示填畫答案：

23 A B C D

錯填答案可使用潔淨膠擦將筆痕徹底擦去。

切勿摺皺此答題紙

Mark your answer as follows:

23 A B C D

Wrong marks should be completely erased with a clean rubber.

DO NOT FOLD THIS SHEET

1	A B C D	21	A B C D	41	A B C D
2	A B C D	22	A B C D	42	A B C D
3	A B C D	23	A B C D	43	A B C D
4	A B C D	24	A B C D	44	A B C D
5	A B C D	25	A B C D	45	A B C D
6	A B C D	26	A B C D	46	A B C D
7	A B C D	27	A B C D	47	A B C D
8	A B C D	28	A B C D	48	A B C D
9	A B C D	29	A B C D	49	A B C D
10	A B C D	30	A B C D	50	A B C D
11	A B C D	31	A B C D	51	A B C D
12	A B C D	32	A B C D	52	A B C D
13	A B C D	33	A B C D	53	A B C D
14	A B C D	34	A B C D	54	A B C D
15	A B C D	35	A B C D	55	A B C D
16	A B C D	36	A B C D	56	A B C D
17	A B C D	37	A B C D	57	A B C D
18	A B C D	38	A B C D	58	A B C D
19	A B C D	39	A B C D	59	A B C D
20	A B C D	40	A B C D	60	A B C D

文 化 會 社 出 版 社
投 考 公 務 員　模 擬 試 題 王

基 本 法 測 試
模 擬 試 卷（三）

時間：二十分鐘

考生須知：

(一) 細讀答題紙上的指示。宣布開考後，考生須首先於適當位置貼上電腦條碼及填上各項所需資料。宣布停筆後，考生不會獲得額外時間貼上電腦條碼。

(二) 試場主任宣布開卷後，考生請檢查試題冊及確定試題冊內共十五條試題。第十五條後會有「**全卷完**」的字眼。

(三) 本試卷各題佔分相等。

(四) **本試卷全部試題均須回答**。為便於修正答案，考生宜用HB鉛筆把答案填畫在答題紙上。錯誤答案可用潔淨膠擦將筆痕徹底擦去。考生須清楚填畫答案，否則會因答案未能被辨認而失分。

(五) 每題只可填畫**一個**答案。如填劃超過一個答案，該題將**不獲評分**。

(六) 答案錯誤，不另扣分。

(七) 未經許多，請勿打開試題冊。

1. 香港特別行政區的設立體現了 ＿＿＿＿＿＿＿ 的方針。
    A. 四項基本原則
    B. 一國兩制
    C. 改革開放
    D. 民族自治

2. 香港特別行政區可懸掛及使用
    (i) 中華人民共和國國旗
    (ii) 中華人民共和國國徽
    (iii) 香港特別行政區區旗
    (iv) 香港特別行政區區徽
    A. (i),(ii)
    B. (i),(iii)
    C. (iii),(iv)
    D. (i),(ii),(iii),(iv)

3. 香港特別行政區的 ＿＿＿＿＿＿＿ 等方面的民間團體和宗教組織同內地
    相應的團體和組織的關係，應以互不隸屬、互不干涉和互相尊重的原則
    為基礎？
    (i) 文化
    (ii) 藝術
    (iii) 體育
    (iv) 醫療衛生
    A. (i),(ii),(iii)
    B. (i),(iii),(iv)
    C. (ii),(iii),(iv)
    D. (i),(ii),(iii),(iv)

4. 中央各部門、各省、自治區、直轄市如需在香港特別行政區設立機構，須徵得＿＿＿＿＿＿＿。
    A. 香港特別行政區政府同意並經全國人民代表大會批准
    B. 香港特別行政區政府同意並經中央人民政府批准
    C. 中央人民政府同意並經最高人民法院批准
    D. 中央人民政府同意並經全國人民代表大會批准

5. 根據《基本法》，中國其他地區的人進入香港特別行政區＿＿＿＿＿＿＿。
    A. 須獲得全國人民代表大會批准
    B. 須獲得最高人民法院批准
    C. 須辦理批准手續
    D. 須獲得中央人民政府批准

6. 香港特別行政區永久性居民可以依法享有甚麼權利？
    (i) 享受社會福利
    (ii) 選舉權
    (iii) 被選舉權
    (iv) 居留權
    A. (i),(ii),(iii)
    B. (i),(ii),(iv)
    C. (ii),(iii),(iv)
    D. (i),(ii),(iii),(iv)

7. 香港特別行政區行政長官由哪個機關任命？
    A. 中國人民政治協商會議
    B. 最高人民法院
    C. 中央人民政府
    D. 全國人民代表大會

8. 香港特別行政區行政長官的產生辦法最終要達至甚麼目標？
   A. 由一個有廣泛代表性的提名委員會按民主程序提名後普選產生
   B. 由立法會提名後普選產生
   C. 由一個有廣泛代表性的選舉委員會選舉產生
   D. 由市民提名並按民主程序普選產生

9. 香港特別行政區行政長官可連任多少次？
   A. 不可連任
   B. 一次
   C. 兩次
   D. 三次

10. 香港特別行政區立法會透過甚麼途徑產生？
    A. 中央人民政府委任
    B. 行政長官委任
    C. 選舉
    D. 終審法院首席法官委任

11. 根據《基本法》第一百二十七條的規定，下列哪些與香港特別行政區航運有關的業務，可繼續自由經營？
    (i) 私營航運
    (ii) 私營集裝箱碼頭
    (iii) 與航運有關的企業
    A. (i),(ii)
    B. (i),(iii)
    C. (ii),(iii)
    D. (i),(ii),(iii)

12. 香港特別行政區政府在原有社會福利制度的基礎上，根據甚麼情況，自行制定其發展、改進的政策？
    A. 民主進程和經濟條件
    B. 經濟條件和社會需要
    C. 社會需要和法律程序
    D. 法律程序和民主進程

13. 根據《基本法》第一百五十二條第四款，在下列哪種情況下，中央人民政府將根據需要使香港特別行政區以適當形式繼續參加相關的國際組織？

A. 對中華人民共和國已參加而香港亦已以某種形式參加的國際組織

B. 對中華人民共和國尚未參加而香港已以某種形式參加的國際組織

C. 對中華人民共和國已參加而香港尚未參加的國際組織

D. 對中華人民共和國尚未參加而香港亦未參加的國際組織

14. 如全國人民代表大會常務委員會對《基本法》有關條款作出解釋，香港特別行政區法院在引用該條款時，應以全國人民代表大會常務委員會的解釋為準。但在此以前作出的判決_____。

A. 不受影響

B. 作廢

C. 無效

D. 須重新判決

15. 根據《基本法》附件二的規定，二零零七年以後香港特別行政區立法會的產生辦法如需修改，須經立法會全體議員三分之二多數通過，_____同意，並報_____備案。

A. 行政長官；全國人民代表大會常務委員會

B. 行政長官；全國人民代表大會

C. 立法會主席；全國人民代表大會常務委員會

D. 立法會主席；全國人民代表大會

—全卷完—

CRE-BLT

文化會社出版社 **CULTURE CROSS LIMITED**

答題紙 ANSWER SHEET

請在此貼上電腦條碼 Please stick the barcode label here

(1) 考生編號 Candidate No.

(2) 考生姓名 Name of Candidate

宜用H.B.鉛筆作答
You are advised to use H.B. Pencils

(3) 考生簽署 Signature of Candidate

考生須依照下圖所示填畫
答案：

23 A B C D

錯填答案可使用潔淨膠擦
將筆痕徹底擦去。

切勿摺皺此答題紙

Mark your answer as
follows:

23 A B C D

Wrong marks should be
completely erased with a
clean rubber.

DO NOT FOLD THIS SHEET

	A B C D		A B C D		A B C D
1		21		41	
2		22		42	
3		23		43	
4		24		44	
5		25		45	
6		26		46	
7		27		47	
8		28		48	
9		29		49	
10		30		50	
11		31		51	
12		32		52	
13		33		53	
14		34		54	
15		35		55	
16		36		56	
17		37		57	
18		38		58	
19		39		59	
20		40		60	

文 化 會 社 出 版 社
投考公務員 模擬試題王

基本法測試
模擬試卷（四）

時間：二十分鐘

考生須知：

（一）細讀答題紙上的指示。宣布開考後，考生須首先於適當位置貼上電腦
條碼及填上各項所需資料。宣布停筆後，考生不會獲得額外時間貼上
電腦條碼。

（二）試場主任宣布開卷後，考生請檢查試題冊及確定試題冊內共十五條試
題。第十五條後會有「**全卷完**」的字眼。

（三）本試卷各題佔分相等。

（四）**本試卷全部試題均須回答**。為便於修正答案，考生宜用HB鉛筆把答
案填畫在答題紙上。錯誤答案可用潔淨膠擦將筆痕徹底擦去。考生須
清楚填畫答案，否則會因答案未能被辨認而失分。

（五）每題只可填畫**一個**答案。如填劃超過一個答案，該題將**不獲評分**。

（六）答案錯誤，不另扣分。

（七）未經許多，請勿打開試題冊。

1. 一國兩制中的「兩制」是指哪兩種制度？
   A. 共產主義制度、資本主義制度
   B. 民主主義制度、社會主義制度
   C. 社會主義制度、資本主義制度
   D. 共產主義制度、社會主義制度

2. 根據《基本法》，香港特別行政區對保護私有財產權有何規定？
   A. 依法保護
   B. 部份依法受到保護
   C. 大部份時候依法受到保護
   D. 不受保護

3. 英國根據哪一條條約租借「新界」？
   A. 南京條約
   B. 辛丑和約
   C. 北京條約
   D. 展拓香港界址專條

4. 由哪個機關任命香港特別行政區行政長官和行政機關的主要官員？
   A. 中央人民政府
   B. 最高人民法院
   C. 全國人民代表大會
   D. 中國人民政治協商會議

5. 根據《基本法》第二十三條，香港特別行政區政府應自行立法禁止
   _____。
   (i)外國的政治性組織或團體在香港特別行政區進行政治活動
   (ii)香港特別行政區的政治性組織或團體與外國的政治性組織或團體建立
   聯繫
   (iii)香港特別行政區的宗教組織與其他地方的宗教組織保持和發展關係
   A. (i),(ii)
   B. (i),(iii)
   C. (ii),(iii)
   D. (i),(ii),(iii)

6. 《基本法》對香港居民的住宅和其他房屋有下列哪些規定？
   (i) 禁止任意搜查
   (ii) 禁止非法搜查
   (iii) 禁止侵入
   A. (i),(ii)
   B. (i),(iii)
   C. (ii),(iii)
   D. (i),(ii),(iii)

7. 下列哪一項不是香港特別行政區立法會的職權？
   A. 就政府政策的失誤，彈劾公務人員
   B. 對政府的工作提出質詢
   C. 批准稅收和公共開支
   D. 根據政府的提案，審核、通過財政預算

8. 香港特別行政區立法會行使下列哪些職權？
   (i) 就任何有關公共利益問題進行辯論
   (ii) 同意終審法院法官和高等法院首席法官的任免
   (iii) 提出、審核、通過財政預算
   (iv) 在行使立法會各項職權時，如有需要，可傳召有關人士出席作證和提供證據
   A. (i),(ii),(iii)
   B. (i),(ii),(iv)
   C. (ii),(iii),(iv)
   D. (i),(ii),(iii),(iv)

9. 香港特別行政區政府可聘請英籍和其他外籍人士擔任政府部門的顧問，這些外籍人士＿＿＿＿＿＿＿＿。
   A. 對中央人民政府負責
   B. 還可擔任主要官員
   C. 只能以個人身份受聘
   D. 有年齡限制

10. 在甚麼情況下，香港特別行政區政府可與外國就司法互助關係作出適當安排？
    A. 在中央人民政府協助或授權下
    B. 在中央人民政府駐香港特別行政區聯絡辦公室協助或授權下
    C. 在香港特別行政區行政長官協助或授權下
    D. 在終審法院協助或授權下

11. 香港特別行政區可以 ＿＿＿＿＿＿＿＿ 的名義參加關於國際紡織品貿易安排等有關國際組織和國際貿易協定。
    A.「中國香港特區」
    B.「香港特別行政區」
    C.「中華人民共和國香港」
    D.「中國香港」

12. 根據《基本法》，香港特別行政區的宗教組織依法享有下列哪些權利？
    (i) 財產的取得
    (ii) 財產的使用
    (iii) 財產的處置
    (iv) 財產的繼承
    A. (i),(ii),(iii)
    B. (i),(iii),(iv)
    C. (ii),(iii),(iv)
    D. (i),(ii),(iii),(iv)

13. 外國在香港特別行政區設立領事機構或其他官方、半官方機構，須經 ＿＿＿＿＿＿＿＿ 批准。
    A. 中央人民政府
    B. 全國人民代表大會
    C. 中國人民政治協商會議
    D. 最高人民法院

14. 香港特別行政區對《基本法》的修改議案，須經香港特別行政區的全國人民代表大會代表_____多數、香港特別行政區立法會全體議員_____多數和香港特別行政區行政長官同意後，交由香港特別行政區出席全國人民代表大會的代表團向全國人民代表大會提出。

A. 二分之一；三分之二
B. 二分之一；二分之一
C. 三分之一；二分之一
D. 三分之二；三分之二

15. 由_____提出的議案、法案和對政府法案的修正案均須分別經功能團體選舉產生的議員和分區直接選舉產生的議員兩部分出席會議議員各過半數通過。

A. 政府
B. 立法會議員個人
C. 政黨
D. 半官方機構

—全卷完—

CRE-BLT

文化會社出版社 CULTURE CROSS LIMITED

	A B C D		A B C D		A B C D
1		21		41	
2		22		42	
3		23		43	
4		24		44	
5		25		45	
6		26		46	
7		27		47	
8		28		48	
9		29		49	
10		30		50	
11		31		51	
12		32		52	
13		33		53	
14		34		54	
15		35		55	
16		36		56	
17		37		57	
18		38		58	
19		39		59	
20		40		60	

文 化 會 社 出 版 社
投 考 公 務 員　模 擬 試 題 王

基 本 法 測 試
模 擬 試 卷 （ 五 ）

時間：二十分鐘

考生須知：

（一）細讀答題紙上的指示。宣布開考後，考生須首先於適當位置貼上電腦
條碼及填上各項所需資料。宣布停筆後，考生不會獲得額外時間貼上
電腦條碼。

（二）試場主任宣布開卷後，考生請檢查試題冊及確定試題冊內共十五條試
題。第十五條後會有「**全卷完**」的字眼。

（三）本試卷各題佔分相等。

（四）**本試卷全部試題均須回答**。為便於修正答案，考生宜用HB鉛筆把答
案填畫在答題紙上。錯誤答案可用潔淨膠擦將筆痕徹底擦去。考生須
清楚填畫答案，否則會因答案未能被辨認而失分。

（五）每題只可填畫**一個**答案。如填劃超過一個答案，該題將**不獲評分**。

（六）答案錯誤，不另扣分。

（七）未經許多，請勿打開試題冊。

1. 英國租借「新界」的年期是多少年？
   A. 97年
   B. 98年
   C. 99年
   D. 100年

2. 《基本法》除了能體現「一國兩制」、「港人治港」、「五十年不變」外，尚明文保證香港＿＿＿＿＿＿＿＿。
   A. 馬照跑，舞照跳
   B. 實行高度自治
   C. 完全自治
   D. 股照炒，牌照打

3. 香港特別行政區實行高度自治，是指香港特別行政區＿＿＿＿＿＿＿＿。
   A. 享有獨立自主權，不受中央人民政府干預
   B. 享有行政管理權、立法權、獨立的司法權和終審權
   C. 可以否決人民解放軍進駐香港
   D. 可以自行任命主要官員

4. 香港特別行政區法院在審理案件中遇有涉及國防、外交等國家行為的事實問題，應取得行政長官就該等問題發出的證明文件，上述文件對法院有約束力。行政長官在發出證明文件前，須取得＿＿＿＿＿＿＿＿的證明書。
   A. 最高人民法院
   B. 中國人民政治協商會議
   C. 中央人民政府
   D. 全國人民代表大會

5. 香港特別行政區行政長官要在香港通常居住連續滿多少年？
    A. 5年
    B. 10年
    C. 15年
    D. 20年

6. 根據《基本法》，香港居民在宗教信仰方面享有下列哪些自由？
    (i) 公開傳教的自由
    (ii) 公開舉行宗教活動的自由
    (iii) 公開參加宗教活動的自由
    A. (i),(ii)
    B. (i),(iii)
    C. (ii),(iii)
    D. (i),(ii),(iii)

7. 《基本法》於何時公佈？
    A. 1984年12月19日
    B. 1990年4月4日
    C. 1997年6月30日
    D. 1997年7月1日

8. 香港特別行政區立法會舉行會議的法定人數為不少於全體議員的幾
    分之幾？
    A. 二分之一
    B. 三分之一
    C. 四分之一
    D. 五分之一

9. 根據《基本法》，下列哪些機構是獨立工作，對行政長官負責？
   (i) 廉政公署
   (ii) 審計署
   (iii) 個人資料私隱專員公署
   A. (i),(ii)
   B. (i),(iii)
   C. (ii),(iii)
   D. (i),(ii),(iii)

10. 根據《基本法》第五十四條，協助行政長官決策的是哪一個機構？
    A. 行政會議
    B. 立法會
    C. 策略發展委員會
    D. 中央政策組

11. 《基本法》對香港特別行政區的法官和其他司法人員的選用有甚麼安排？
    A. 根據其本人的國籍選用
    B. 根據其本人的司法和專業才能選用
    C. 不可從其他普通法適用地區聘用
    D. 根據其本人的年資選用

12. 在香港特別行政區成立前已承認的專業和專業團體，在回歸後會如何處理？
    A. 需重新審批以確認專業地位
    B. 繼續獲香港特別行政區政府承認
    C. 需與內地對等的專業和專業團體互相認證
    D. 需向香港特別行政區政府重新登記

13. 根據《基本法》第一百五十六條，香港特別行政區可根據需要在外國設立甚麼機構，報中央人民政府備案？

A. 官方的司法機構或半官方的經濟機構

B. 官方的經濟機構或半官方的慈善機構

C. 官方或半官方的經濟和貿易機構

D. 官方或半官方的司法和慈善機構

14. 香港特別行政區對《基本法》的修改議案，須經以下哪些人/機構同意後，交由香港特別行政區出席全國人民代表大會的代表團向全國人民代表大會提出？

(i) 香港特別行政區的全國人民代表大會代表三分之二多數

(ii) 香港特別行政區立法會全體議員三分之二多數

(iii) 香港特別行政區行政長官

A. (i),(ii)

B. (i),(iii)

C. (ii),(iii)

D. (i),(ii),(iii)

15. 根據《基本法》附件一規定，二零零七年以後各任行政長官的產生辦法如需修改，須經立法會全體議員三分之二多數通過，_____同意，並報_____批准。

A. 行政長官；全國人民代表大會常務委員會

B. 行政長官；全國人民代表大會

C. 立法會主席；全國人民代表大會常務委員會

D. 立法會主席；全國人民代表大會

—全卷完—

CRE-BLT

文化會社出版社 CULTURE CROSS LIMITED

考生須依照下圖所示填畫答案：

23 A B C D

錯填答案可使用潔淨膠擦將筆痕徹底擦去。

切勿摺皺此答題紙

Mark your answer as follows:

23 A B C D

Wrong marks should be completely erased with a clean rubber.

DO NOT FOLD THIS SHEET

1	A B C D	21	A B C D	41	A B C D
2	A B C D	22	A B C D	42	A B C D
3	A B C D	23	A B C D	43	A B C D
4	A B C D	24	A B C D	44	A B C D
5	A B C D	25	A B C D	45	A B C D
6	A B C D	26	A B C D	46	A B C D
7	A B C D	27	A B C D	47	A B C D
8	A B C D	28	A B C D	48	A B C D
9	A B C D	29	A B C D	49	A B C D
10	A B C D	30	A B C D	50	A B C D
11	A B C D	31	A B C D	51	A B C D
12	A B C D	32	A B C D	52	A B C D
13	A B C D	33	A B C D	53	A B C D
14	A B C D	34	A B C D	54	A B C D
15	A B C D	35	A B C D	55	A B C D
16	A B C D	36	A B C D	56	A B C D
17	A B C D	37	A B C D	57	A B C D
18	A B C D	38	A B C D	58	A B C D
19	A B C D	39	A B C D	59	A B C D
20	A B C D	40	A B C D	60	A B C D

文 化 會 社 出 版 社
投 考 公 務 員　模 擬 試 題 王

基 本 法 測 試
模 擬 試 卷（六）

時間：二十分鐘

考生須知：

（一）細讀答題紙上的指示。宣布開考後，考生須首先於適當位置貼上電腦
　　　條碼及填上各項所需資料。宣布停筆後，考生不會獲得額外時間貼上
　　　電腦條碼。

（二）試場主任宣布開卷後，考生請檢查試題冊及確定試題冊內共十五條試
　　　題。第十五條後會有「**全卷完**」的字眼。

（三）本試卷各題佔分相等。

（四）**本試卷全部試題均須回答**。為便於修正答案，考生宜用 HB 鉛筆把答
　　　案填畫在答題紙上。錯誤答案可用潔淨膠擦將筆痕徹底擦去。考生須
　　　清楚填畫答案，否則會因答案未能被辨認而失分。

（五）每題只可填畫**一個**答案。如填劃超過一個答案，該題將**不獲評分**。

（六）答案錯誤，不另扣分。

（七）未經許多，請勿打開試題冊。

1. 由1997年7月1日開始，香港成為中華人民共和國的一個＿＿＿＿＿＿＿＿。
   A. 特別行政區
   B. 省
   C. 直轄市
   D. 自治區

2. 根據《基本法》第一條，香港特別行政區是中華人民共和國＿＿＿＿＿＿＿＿的部分。
   A. 不可分離
   B. 不可租借
   C. 不可轉讓
   D. 不可取代

3. 《基本法》對香港特別行政區的行政、立法和司法機關所使用的正式語文有甚麼規定？
   A. 中英並重，但以中文為主
   B. 中英並重，但以英文為主
   C. 中文是唯一的正式語文
   D. 除中文外，還可使用英文，英文也是正式語文

4. 香港特別行政區境內的土地和自然資源是屬於＿＿＿＿＿＿＿＿所有。
   A. 國家
   B. 國家和香港特別行政區
   C. 香港特別行政區
   D. 中央人民政府

5. 《基本法》對行政會議成員的任期長短有甚麼規定？
   A. 不超過委任他的行政長官的任期
   B. 不超過終審法院首席法官的任期
   C. 不超過立法會主席的任期
   D. 不超過各司司長的任期

6. 根據《基本法》，香港居民在工作方面享有下列哪些權利和／或自由？
   (i) 組織工會
   (ii) 參加工會
   (iii) 罷工
   (iv) 選擇職業
   A. (i),(ii),(iii)
   B. (i),(ii),(iv)
   C. (ii),(iii),(iv)
   D. (i),(ii),(iii),(iv)

7. 根據《基本法》第六十二條，以下哪一項不是香港特別行政區政府行使的職權？
   A. 辦理《基本法》規定的中央人民政府授權的對外事務
   B. 編制並提出財政預算、決算
   C. 制定並執行政策
   D. 執行中央人民政府的軍事佈防建議

8. 根據《基本法》第一百零四條，香港特別行政區行政長官必須依法宣誓擁護中華人民共和國香港特別行政區基本法，效忠＿＿＿＿＿＿＿＿。
   A. 中國人民政治協商會議
   B. 全國人民代表大會
   C. 全國人民代表大會常務委員會
   D. 中華人民共和國香港特別行政區

9. 《基本法》是甚麼？
   A. 港英時代普通法彙編
   B. 香港特別行政區的憲制性文件
   C. 香港政權移交的歷史文獻
   D. 回歸前中英兩國對香港前途談判的記錄

10. 以下哪一項不是香港特別行政區立法會主席的職權？

A. 主持會議

B. 決定議程，政府提出的議案須優先列入議程

C. 決定開會時間

D. 為行政長官提供諮詢

11. 《基本法》對香港特別行政區的外匯基金有甚麼規定？

A. 由香港特別行政區政府管理和支配

B. 由香港特別行政區政府及中央人民政府共同管理和支配

C. 由中央人民政府管理和支配

D. 由香港特別行政區政府管理和支配，並定期向中央人民政府匯報

12. 香港特別行政區從事社會服務的志願團體在甚麼情況下可自行決定其服務方式？

A. 不抵觸法律

B. 不需要政府財政資助

C. 完成登記註冊後

D. 諮詢政府意見後

13. 根據《基本法》第一百五十五條，中央人民政府協助或授權香港特別行政區政府與各國或各地區締結哪一類協議？

A. 互免簽證協議

B. 特快簽證協議

C. 配額簽證協議

D. 落地簽證協議

14. 《基本法》的修改議案在列入全國人民代表大會的議程前，先由_____研究並提出意見。

A. 香港特別行政區立法會

B. 香港特別行政區行政長官

C. 香港特別行政區終審法院

D. 香港特別行政區基本法委員會

15. 以下哪些是現時列於《基本法》附件三的全國性法律？

(i)《中央人民政府公布中華人民共和國國徽的命令》附：國徽圖案、說明、使用辦法。

(ii)《中華人民共和國外交特權與豁免條例》

(iii)《中華人民共和國政府關於領海的聲明》

(iv)《中華人民共和國專屬經濟區和大陸架法》

A. (i),(ii),(iii)

B. (i),(iii),(iv)

C. (ii),(iii),(iv)

D. (i),(ii),(iii),(iv)

—全卷完—

CRE-BLT

文化會社出版社 **CULTURE CROSS LIMITED**

#	A B C D	#	A B C D	#	A B C D
1	▭▭▭▭	21	▭▭▭▭	41	▭▭▭▭
2	▭▭▭▭	22	▭▭▭▭	42	▭▭▭▭
3	▭▭▭▭	23	▭▭▭▭	43	▭▭▭▭
4	▭▭▭▭	24	▭▭▭▭	44	▭▭▭▭
5	▭▭▭▭	25	▭▭▭▭	45	▭▭▭▭
6	▭▭▭▭	26	▭▭▭▭	46	▭▭▭▭
7	▭▭▭▭	27	▭▭▭▭	47	▭▭▭▭
8	▭▭▭▭	28	▭▭▭▭	48	▭▭▭▭
9	▭▭▭▭	29	▭▭▭▭	49	▭▭▭▭
10	▭▭▭▭	30	▭▭▭▭	50	▭▭▭▭
11	▭▭▭▭	31	▭▭▭▭	51	▭▭▭▭
12	▭▭▭▭	32	▭▭▭▭	52	▭▭▭▭
13	▭▭▭▭	33	▭▭▭▭	53	▭▭▭▭
14	▭▭▭▭	34	▭▭▭▭	54	▭▭▭▭
15	▭▭▭▭	35	▭▭▭▭	55	▭▭▭▭
16	▭▭▭▭	36	▭▭▭▭	56	▭▭▭▭
17	▭▭▭▭	37	▭▭▭▭	57	▭▭▭▭
18	▭▭▭▭	38	▭▭▭▭	58	▭▭▭▭
19	▭▭▭▭	39	▭▭▭▭	59	▭▭▭▭
20	▭▭▭▭	40	▭▭▭▭	60	▭▭▭▭

文化會社出版社

投考公務員 模擬試題王

基本法測試
模擬試卷（七）

時間：二十分鐘

考生須知：

(一) 細讀答題紙上的指示。宣布開考後，考生須首先於適當位置貼上電腦條碼及填上各項所需資料。宣布停筆後，考生不會獲得額外時間貼上電腦條碼。

(二) 試場主任宣布開卷後，考生請檢查試題冊及確定試題冊內共十五條試題。第十五條後會有「**全卷完**」的字眼。

(三) 本試卷各題佔分相等。

(四) **本試卷全部試題均須回答**。為便於修正答案，考生宜用HB鉛筆把答案填畫在答題紙上。錯誤答案可用潔淨膠擦將筆痕徹底擦去。考生須清楚填畫答案，否則會因答案未能被辨認而失分。

(五) 每題只可填畫**一個**答案。如填劃超過一個答案，該題將**不獲評分**。

(六) 答案錯誤，不另扣分。

(七) 未經許多，請勿打開試題冊。

1. 《基本法》於何時開始實施？
   A. 自1984年12月19日起
   B. 自1990年4月4日起
   C. 自1997年6月30日起
   D. 自1997年7月1日起

2. 香港特別行政區的區徽中間是甚麼圖案？
   A. 一顆大星和五顆小星
   B. 紫荊花金星
   C. 五星花蕊的紫荊花
   D. 五顆小星和紫荊花

3. 香港特別行政區的區旗是甚麼樣式？
   A. 紫荊花紅旗
   B. 五星紅旗
   C. 五星花蕊的紅旗
   D. 五星花蕊的紫荊花紅旗

4. 根據《基本法》，香港特別行政區的社會治安由哪個機關負責維持？
   A. 香港特別行政區保安局
   B. 香港特別行政區廉政公署
   C. 香港特別行政區政府
   D. 香港特別行政區法院

5. 根據《基本法》，香港居民在法律方面享有下列哪些權益？
   (i) 選擇律師及時保護自己的合法權益
   (ii) 選擇律師在法庭上為其代理
   (iii) 獲得司法補救
   (iv) 對行政部門和行政人員的行為向法院提起訴訟
   A. (i),(ii),(iii)
   B. (i),(ii),(iv)
   C. (ii),(iii),(iv)
   D. (i),(ii),(iii),(iv)

6. 根據《基本法》，香港居民在移居其他國家和地區方面有甚麼規定？
   A. 移居其他國家和地區前須向保安局申請
   B. 有移居其他國家和地區的自由
   C. 不能移居到尚未同中國建立正式外交關係的國家和地區
   D. 在移居其他國家和地區後必須放棄香港居留權

7. 根據《基本法》，香港特別行政區立法會主席的職權包括下列哪些方面？
   (i) 決定議程，政府提出的議案須優先列入議程
   (ii) 為行政長官提供諮詢
   (iii) 在休會期間可召開特別會議
   A. (i),(ii)
   B. (i),(iii)
   C. (ii),(iii)
   D. (i),(ii),(iii)

8. 香港特別行政區行政長官如因立法會拒絕通過財政預算案或其他重要法案而解散立法會，重選的立法會繼續拒絕通過所爭議的原案，則他／她必須＿＿＿＿＿＿＿＿。
   A. 再次解散立法會
   B. 辭職
   C. 罷免財政司司長
   D. 撤銷該具爭議的原案

9. 香港特別行政區成立前在香港任職的法官和其他司法人員均可留用，其年資予以保留，薪金、津貼、福利待遇和服務條件＿＿＿＿＿＿＿＿。
   A. 不低於市場的標準
   B. 不低於國家的標準
   C. 不低於國際的標準
   D. 不低於原來的標準

10. 立法會的產生辦法根據香港特別行政區的實際情況和 _____ 的
    原則而規定，最終達至全部議員由普選產生的目標。
    A. 普及而平等
    B. 公平和法治
    C. 擁有廣泛民意基礎
    D. 循序漸進

11. 中央人民政府在香港特別行政區徵稅方面，有甚麼規定？
    A. 中央人民政府不在香港特別行政區徵稅
    B. 香港特別行政區每年須向中央人民政府上繳百分之十稅收
    C. 香港特別行政區每年須從外匯基金收入向中央人民政府上繳百分之十
    D. 香港特別行政區每年須向中央人民政府上繳盈餘的百分之十

12. 香港特別行政區政府可根據甚麼來承認新的專業和專業團體？
    A. 該專業和專業團體的歷史背景
    B. 該專業團體的財政狀況
    C. 社會發展需要並諮詢有關方面的意見
    D. 社會發展需要和該專業團體的財政狀況

13. 根據《基本法》第二十四(四)條，非中國籍人士要成為香港特別行政區
    永久性居民必須符合下列條件：
    (i) 在香港特別行政區成立以前或以後持有效旅行證件進入香港
    (ii) 在香港通常居住連續七年以上
    (iii) 以香港為永久居住地
    A. (i),(ii)
    B. (i),(iii)
    C. (ii),(iii)
    D. (i),(ii),(iii)

14. 《基本法》的任何修改，均不得同中華人民共和國對香港既定的
_____相抵觸。

A. 發展方向

B. 基本方針政策

C. 法律規範

D. 循序漸進原則

15. 香港特別行政區成立時，香港原有法律除由_____宣布為同
《基本法》抵觸者外，採用為香港特別行政區法律。

A. 全國人民代表大會常務委員會

B. 中央人民政府

C. 最高人民法院

D. 中國人民政治協商會議

—全卷完—

CRE-BLT

文化會社出版社 **CULTURE CROSS LIMITED**

答題紙 ANSWER SHEET

(1) 考生編號 Candidate No.

(2) 考生姓名 Name of Candidate

(3) 考生簽署 Signature of Candidate

宜用H.B.鉛筆作答
You are advised to use H.B. Pencils

考生須依照下圖所示填畫答案：

23 A B C D

錯填答案可使用潔淨膠擦將筆痕徹底擦去。

切勿摺皺此答題紙

Mark your answer as follows:

23 A B C D

Wrong marks should be completely erased with a clean rubber.

DO NOT FOLD THIS SHEET

#	A B C D	#	A B C D	#	A B C D
1	A B C D	21	A B C D	41	A B C D
2	A B C D	22	A B C D	42	A B C D
3	A B C D	23	A B C D	43	A B C D
4	A B C D	24	A B C D	44	A B C D
5	A B C D	25	A B C D	45	A B C D
6	A B C D	26	A B C D	46	A B C D
7	A B C D	27	A B C D	47	A B C D
8	A B C D	28	A B C D	48	A B C D
9	A B C D	29	A B C D	49	A B C D
10	A B C D	30	A B C D	50	A B C D
11	A B C D	31	A B C D	51	A B C D
12	A B C D	32	A B C D	52	A B C D
13	A B C D	33	A B C D	53	A B C D
14	A B C D	34	A B C D	54	A B C D
15	A B C D	35	A B C D	55	A B C D
16	A B C D	36	A B C D	56	A B C D
17	A B C D	37	A B C D	57	A B C D
18	A B C D	38	A B C D	58	A B C D
19	A B C D	39	A B C D	59	A B C D
20	A B C D	40	A B C D	60	A B C D

文化會社出版社
投考公務員 模擬試題王

基本法測試
模擬試卷（八）

時間：二十分鐘

考生須知：

（一）細讀答題紙上的指示。宣布開考後，考生須首先於適當位置貼上電腦
條碼及填上各項所需資料。宣布停筆後，考生不會獲得額外時間貼上
電腦條碼。

（二）試場主任宣布開卷後，考生請檢查試題冊及確定試題冊內共十五條試
題。第十五條後會有「**全卷完**」的字眼。

（三）本試卷各題佔分相等。

（四）**本試卷全部試題均須回答**。為便於修正答案，考生宜用 HB 鉛筆把答
案填畫在答題紙上。錯誤答案可用潔淨膠擦將筆痕徹底擦去。考生須
清楚填畫答案，否則會因答案未能被辨認而失分。

（五）每題只可填畫**一個**答案。如填劃超過一個答案，該題將**不獲評分**。

（六）答案錯誤，不另扣分。

（七）未經許多，請勿打開試題冊。

1. 香港特別行政區的設立是根據《中華人民共和國憲法》的哪一條的規定？
   A. 第三十一條
   B. 第三十三條
   C. 第三十五條
   D. 第三十七條

2. 根據《基本法》，香港特別行政區境內的土地和自然資源由香港特別行政區政府負責_____。
   (i) 管理
   (ii) 使用
   (iii) 開發
   (iv) 出租
   A. (i),(ii),(iii)
   B. (i),(iii),(iv)
   C. (ii),(iii),(iv)
   D. (i),(ii),(iii),(iv)

3. 中華人民共和國_____在香港設立機構處理外交事務。
   A. 中央人民政府駐香港特別行政區聯絡辦公室
   B. 國務院港澳事務辦公室
   C. 外交部
   D. 中國人民解放軍駐香港部隊

4. 中央人民政府派駐香港的軍隊須遵守甚麼法律？
   A. 須遵守香港特別行政區的法律，但毋須遵守全國性的法律
   B. 須遵守全國性的法律，但毋須遵守香港的防務法規
   C. 須遵守全國性的法律，但毋須遵守香港特別行政區的法律
   D. 須遵守全國性的法律外，還須遵守香港特別行政區的法律

5. 下列哪些人依法享有《基本法》第三章規定的香港居民的權利和自由？
(i) 香港特別行政區永久性居民
(ii) 香港特別行政區非永久性居民
(iii) 在香港特別行政區境內的香港居民以外的其他人
A. (i),(ii)
B. (i),(iii)
C. (ii),(iii)
D. (i),(ii),(iii)

6. 根據《基本法》第二十八條，香港居民的人身自由＿＿＿＿＿＿。
A. 不能與《基本法》抵觸
B. 不能受到任何限制
C. 五十年不變
D. 不受侵犯

7. 如香港特別行政區行政長官短期不能履行職務時，由＿＿＿＿＿＿
依次臨時代理其職務？
(i) 政務司司長、律政司司長、財政司司長
(ii) 律政司司長、政務司司長、財政司司長
(iii) 政務司司長、財政司司長、律政司司長
(iv) 財政司司長、政務司司長、律政司司長
A. (i)
B. (ii)
C. (iii)
D. (iv)

8. 中華人民共和國一貫堅持對香港擁有下列哪一項權力？
A. 主權
B. 君權
C. 宗主權
D. 神權

9. 香港特別行政區行政長官的職權包括建議中央人民政府免除下列哪一位的職務？

A. 高等法院首席法官
B. 立法會主席
C. 行政會議成員
D. 審計署署長

10. 在甚麼情況下，中央人民政府可發布命令將有關全國性法律在香港特別行政區實施？

(i) 全國人民代表大會常務委員會因香港特別行政區內發生香港特別行政區政府不能控制的危及國家統一或安全的動亂而決定香港特別行政區進入緊急狀態
(ii) 全國人民代表大會常務委員會決定宣布戰爭狀態
(iii) 全國人民代表大會常務委員會宣布香港特別行政區行政長官無力履行職務

A. (i),(ii)
B. (i),(iii)
C. (ii),(iii)
D. (i),(ii),(iii)

11. 香港特別行政區的財政預算的原則是甚麼？

(i) 量出為入
(ii) 力求收支平衡
(iii) 避免赤字
(iv) 與本地生產總值的增長率相適應

A. (i),(ii),(iii)
B. (i),(ii),(iv)
C. (ii),(iii),(iv)
D. (i),(ii),(iii),(iv)

12. 《基本法》對民間體育團體有甚麼安排？
   A. 需重新註冊後才予以承認
   B. 可依法繼續存在和發展
   C. 需從屬於內地相關機構
   D. 需通過財政審查後才予以承認

13. 中華人民共和國締結的國際協議，中央人民政府可根據香港特別行政區的情況和需要，在徵詢 _____ 的意見後，決定是否適用於香港特別行政區。
   A. 全國人民代表大會
   B. 最高人民法院
   C. 香港特別行政區政府
   D. 香港特別行政區基本法委員會

14. 香港特別行政區《基本法》的解釋權屬於哪一個機構？
   A. 中央人民政府
   B. 最高人民法院
   C. 中國人民政治協商會議
   D. 全國人民代表大會常務委員會

15. 《基本法》對香港居民的人身自由有下列哪些規定？
   (i) 禁止任意或非法搜查居民的身體
   (ii) 禁止剝奪或限制居民的人身自由
   (iii) 可依法對居民施行酷刑
   A. (i),(ii)
   B. (i),(iii)
   C. (ii),(iii)
   D. (i),(ii),(iii)

—全卷完—

CRE-BLT

文化會社出版社 **CULTURE CROSS LIMITED**

答題紙 ANSWER SHEET

請在此貼上電腦條碼
Please stick the barcode label here

(1) 考生編號 Candidate No.

(2) 考生姓名 Name of Candidate

宜用H.B.鉛筆作答
You are advised to use H.B. Pencils

(3) 考生簽署 Signature of Candidate

考生須依照下圖所示填畫答案：

23 A B C D

錯填答案可使用潔淨膠擦將筆痕徹底擦去。

切勿摺皺此答題紙

Mark your answer as follows:

23 A B C D

Wrong marks should be completely erased with a clean rubber.

DO NOT FOLD THIS SHEET

1	A B C D	21	A B C D	41	A B C D
2	A B C D	22	A B C D	42	A B C D
3	A B C D	23	A B C D	43	A B C D
4	A B C D	24	A B C D	44	A B C D
5	A B C D	25	A B C D	45	A B C D
6	A B C D	26	A B C D	46	A B C D
7	A B C D	27	A B C D	47	A B C D
8	A B C D	28	A B C D	48	A B C D
9	A B C D	29	A B C D	49	A B C D
10	A B C D	30	A B C D	50	A B C D
11	A B C D	31	A B C D	51	A B C D
12	A B C D	32	A B C D	52	A B C D
13	A B C D	33	A B C D	53	A B C D
14	A B C D	34	A B C D	54	A B C D
15	A B C D	35	A B C D	55	A B C D
16	A B C D	36	A B C D	56	A B C D
17	A B C D	37	A B C D	57	A B C D
18	A B C D	38	A B C D	58	A B C D
19	A B C D	39	A B C D	59	A B C D
20	A B C D	40	A B C D	60	A B C D

文 化 會 社 出 版 社
投 考 公 務 員 模 擬 試 題 王

基 本 法 測 試
模 擬 試 卷 （九）

時間：二十分鐘

考生須知：

（一）細讀答題紙上的指示。宣布開考後，考生須首先於適當位置貼上電腦
條碼及填上各項所需資料。宣布停筆後，考生不會獲得額外時間貼上
電腦條碼。

（二）試場主任宣布開卷後，考生請檢查試題冊及確定試題冊內共十五條試
題。第十五條後會有「**全卷完**」的字眼。

（三）本試卷各題佔分相等。

（四）**本試卷全部試題均須回答**。為便於修正答案，考生宜用HB鉛筆把答
案填畫在答題紙上。錯誤答案可用潔淨膠擦將筆痕徹底擦去。考生須
清楚填畫答案，否則會因答案未能被辨認而失分。

（五）每題只可填畫**一個**答案。如填劃超過一個答案，該題將**不獲評分**。

（六）答案錯誤，不另扣分。

（七）未經許多，請勿打開試題冊。

1. 根據《基本法》，香港特別行政區行政長官的職權包括下列哪些方面？
   (i) 決定政府政策和發布行政命令
   (ii) 依照法定程序任免各級法院法官
   (iii) 代表香港特別行政區政府處理中央授權的對外事務和其他事務
   (iv) 處理請願、申訴事項
   A. (i),(ii),(iii)
   B. (i),(iii),(iv)
   C. (ii),(iii),(iv)
   D. (i),(ii),(iii),(iv)

2. 香港特別行政區獲哪一個機構授權依照《基本法》的規定實行高度自治？
   A. 中國人民政治協商會議
   B. 全國人民代表大會
   C. 中央人民政府
   D. 最高人民法院

3. 在香港特別行政區實行的法律包括 _____ 。
   (i)《基本法》
   (ii)《基本法》第八條規定的香港原有法律
   (iii) 香港特別行政區立法機關制定的法律
   A. (i),(ii)
   B. (i),(iii)
   C. (ii),(iii)
   D. (i),(ii),(iii)

4. 根據《基本法》第二十二條，香港特別行政區可在哪裡設立辦事機構？
   A. 北京
   B. 天津
   C. 上海
   D. 重慶

5. 根據《基本法》，在甚麼情況下，由有關機關依照法律程序對通訊進行檢查？
   A. 因公共安全和追查刑事犯罪的需要
   B. 中華人民共和國外交部駐香港特別行政區特派專員公署提出要求
   C. 中央人民政府駐香港特別行政區聯絡辦公室提出要求
   D. 外國政府提出要求

6. 根據《基本法》第三十九條，下列哪些公約適用於香港的有關規定繼續有效，並通過香港特別行政區的法律予以實施？
   (i)《公民權利和政治權利國際公約》
   (ii)《經濟、社會與文化權利的國際公約》
   (iii)《資本主義體制下經濟和政治國際公約》
   (iv)國際勞工公約
   A. (i),(ii),(iii)
   B. (i),(ii),(iv)
   C. (ii),(iii),(iv)
   D. (i),(ii),(iii),(iv)

7. 要擔任香港特別行政區的行政長官必須年滿多少歲？
   A. 34歲
   B. 36歲
   C. 38歲
   D. 40歲

8. 香港特別行政區法院的法官，根據當地法官和法律界及其他方面知名人士組成的獨立委員會推薦，由誰任命？
   A. 行政長官
   B. 律政司司長
   C. 終審法院首席法官
   D. 高等法院首席法官

9. 香港特別行政區行政長官如因兩次拒絕簽署立法會通過的法案而解散立法會，重選的立法會仍以全體議員三分之二多數通過所爭議的原案，而行政長官仍拒絕簽署，則他／她必須_____。
   A. 再次解散立法會
   B. 辭職
   C. 呈請全國人民代表大會常務委員會釋法
   D. 撤銷該法案

10. 根據《基本法》，以下哪些屬於香港特別行政區政府行使的職權？
    (i) 制定並執行政策
    (ii) 管理各項行政事務
    (iii) 辦理《基本法》規定的中央人民政府授權的對外事務
    A. (i),(ii)
    B. (i),(iii)
    C. (ii),(iii)
    D. (i),(ii),(iii)

11. 根據《基本法》第一百一十九條的規定，香港特別行政區政府制定適當政策，促進和協調甚麼行業的發展？
    (i) 製造業
    (ii) 商業
    (iii) 房地產業
    (iv) 公用事業
    A. (i),(ii),(iii)
    B. (i),(ii),(iv)
    C. (ii),(iii),(iv)
    D. (i),(ii),(iii),(iv)

12. 香港特別行政區政府在原有教育制度的基礎上，自行制定有關教育的發展和改進的政策，包括：

(i) 教學語言

(ii) 考試制度

(iii) 承認學歷

(iv) 教育體制和管理

A. (i),(ii),(iii)

B. (i),(iii),(iv)

C. (ii),(iii),(iv)

D. (i),(ii),(iii),(iv)

13. 對中華人民共和國已參加而香港也以某種形式參加了的國際組織，中央人民政府將採取必要措施使香港特別行政區＿＿＿＿＿＿。

A. 以適當形式繼續保持在這些組織中的地位

B. 重新申請加入這些組織

C. 退出這些組織

D. 以觀察員身份參加這些組織

14. 香港特別行政區《基本法》的修改權屬於哪一個機構？

A. 全國人民代表大會

B. 中國人民政治協商會議

C. 最高人民法院

D. 中央人民政府

15. 根據《基本法》附件二的規定，二零零七年以後香港特別行政區立法會的產生辦法如需修改，須經立法會全體議員三分之二多數通過，行政長官同意，並報全國人民代表大會常務委員會＿＿＿＿＿＿。

A. 通過

B. 同意

C. 批准

D. 備案

—全卷完—

CRE-BLT

文化會社出版社 **CULTURE CROSS LIMITED**

答題紙 ANSWER SHEET

(1) 考生編號 Candidate No.

(2) 考生姓名 Name of Candidate

宜用 H.B. 鉛筆作答
You are advised to use H.B. Pencils

(3) 考生簽署 Signature of Candidate

考生須依照下圖所示填畫答案：

23 A B C D

錯填答案可使用潔淨膠擦將筆痕徹底擦去。

切勿摺皺此答題紙

Mark your answer as follows:

23 A B C D

Wrong marks should be completely erased with a clean rubber.

DO NOT FOLD THIS SHEET

	A B C D		A B C D		A B C D
1		21		41	
2		22		42	
3		23		43	
4		24		44	
5		25		45	
6		26		46	
7		27		47	
8		28		48	
9		29		49	
10		30		50	
11		31		51	
12		32		52	
13		33		53	
14		34		54	
15		35		55	
16		36		56	
17		37		57	
18		38		58	
19		39		59	
20		40		60	

文化會社出版社
投考公務員 模擬試題王

基本法測試
模擬試卷（十）

時間：二十分鐘

考生須知：

（一）細讀答題紙上的指示。宣布開考後，考生須首先於適當位置貼上電腦
條碼及填上各項所需資料。宣布停筆後，考生不會獲得額外時間貼上
電腦條碼。

（二）試場主任宣布開卷後，考生請檢查試題冊及確定試題冊內共十五條試
題。第十五條後會有「**全卷完**」的字眼。

（三）本試卷各題佔分相等。

（四）**本試卷全部試題均須回答**。為便於修正答案，考生宜用 HB 鉛筆把答
案填畫在答題紙上。錯誤答案可用潔淨膠擦將筆痕徹底擦去。考生須
清楚填畫答案，否則會因答案未能被辨認而失分。

（五）每題只可填畫**一個**答案。如填劃超過一個答案，該題將**不獲評分**。

（六）答案錯誤，不另扣分。

（七）未經許多，請勿打開試題冊。

1. 《基本法》對中央各部門、各省、自治區、直轄市在香港特別行政區設立的一切機構及其人員在遵守法律方面有甚麼規定？
   A. 毋須遵守中華人民共和國的法律
   B. 只須遵守中華人民共和國的法律
   C. 須遵守香港特別行政區的法律
   D. 只須遵守在香港特別行政區實施的全國性法律

2. 香港特別行政區區徽周圍寫有甚麼文字？
   A.「香港特別行政區」和「香港」
   B.「香港特別行政區」和英文「香港」
   C.「中華人民共和國香港特別行政區」和「香港」
   D.「中華人民共和國香港特別行政區」和英文「香港」

3. 根據《基本法》，下列哪些範疇由中央人民政府負責管理？
   (i) 與香港特別行政區有關的外交事務
   (ii) 維持香港特別行政區的社會治安
   (iii) 香港特別行政區的防務
   A. (i),(ii)
   B. (i),(iii)
   C. (ii),(iii)
   D. (i),(ii),(iii)

4. 中央人民政府派駐香港的軍隊有甚麼職責？
   A. 代表香港與其他國家在軍事方面建立聯繫
   B. 負責香港特別行政區的防務
   C. 防止香港社會出現動亂
   D. 阻嚇有組織罪案的發生

5. 根據《基本法》第三十五條，香港居民有權對行政部門和行政人員的行為 ＿＿＿＿＿＿＿＿＿＿＿ 。
   A. 向法院提起訴訟
   B. 經律政司審核後向法院提起訴訟
   C. 經申訴專員審核後向法院提起訴訟
   D. 經廉政專員審核後向法院提起訴訟

6. 根據《基本法》，尚未為中華人民共和國承認的國家，只能在香港特別行政區設立 ＿＿＿＿＿＿＿＿＿＿ 。
   A. 官方機構
   B. 半官方機構
   C. 民間機構
   D. 政府機構

7. 根據《基本法》，行政長官在其一任任期內只能解散立法會多少次？
   A. 一次
   B. 兩次
   C. 三次
   D. 四次

8. 香港特別行政區的終審權屬於哪一個機構？
   A. 全國人民代表大會
   B. 香港特別行政區立法會
   C. 香港特別行政區終審法院
   D. 最高人民法院

9. 香港特別行政區行政會議由誰主持？
   A. 行政長官
   B. 行政會議召集人
   C. 行政長官辦公室主任
   D. 中央政策組首席顧問

10. 香港特別行政區立法會議員根據《基本法》規定並依照法定程序提出法律草案，凡涉及政府政策者，在提出前必須得到誰的書面同意？
    A. 行政長官
    B. 立法會主席
    C. 終審法院首席法官
    D. 行政會議召集人

11. 根據《基本法》第一百一十二條，下列哪些項目受香港特別行政區政府保障？
    (i) 資金的流動
    (ii) 資金的借貸
    (iii) 資金的進出自由
    A. (i),(ii)
    B. (i),(iii)
    C. (ii),(iii)
    D. (i),(ii),(iii)

12. 《基本法》中對香港特別行政區成立前已取得專業和執業資格者，有甚麼規定？
    A. 予以取消，不作保留
    B. 只有部份專業資格予以承認及保留
    C. 須重新考試釐定資格
    D. 可依據有關規定和專業守則保留原有的資格

13. 根據《基本法》，已同中華人民共和國建立正式外交關係的國家在香港設立的領事機構和其他官方機構，_____。
    A. 可予保留
    B. 可根據情況允許保留或改為半官方機構
    C. 改為民間機構
    D. 不得保留

14. 全國人民代表大會常務委員會在對《基本法》進行解釋前，徵詢哪個機構的意見？
    A. 香港特別行政區行政會議
    B. 香港特別行政區基本法委員會
    C. 香港特別行政區立法會
    D. 香港特別行政區終審法院

15. 在甚麼情況下，在香港原有法律下有效的文件、證件、契約和權利義務，繼續有效，受香港特別行政區的承認和保護？
    A. 在不抵觸《基本法》的前提下
    B. 在全國人民代表大會常務委員會同意的前提下
    C. 在香港特別行政區立法會同意的前提下
    D. 在香港特別行政區基本法委員會同意的前提下

—全卷完—

CRE-BLT

文化會社出版社 **CULTURE CROSS LIMITED**

答題紙 ANSWER SHEET

請在此貼上電腦條碼 Please stick the barcode label here

(1) 考生編號 Candidate No.

(2) 考生姓名 Name of Candidate

宜用 H.B. 鉛筆作答
You are advised to use H.B. Pencils

(3) 考生簽署 Signature of Candidate

考生須依照下圖所示填畫
答案：

23 A B C D

錯填答案可使用潔淨膠擦
將筆痕徹底擦去。

切勿摺皺此答題紙

Mark your answer as
follows:

23 A B C D

Wrong marks should be
completely erased with a
clean rubber.

DO NOT FOLD THIS SHEET

	A B C D		A B C D		A B C D
1		21		41	
2		22		42	
3		23		43	
4		24		44	
5		25		45	
6		26		46	
7		27		47	
8		28		48	
9		29		49	
10		30		50	
11		31		51	
12		32		52	
13		33		53	
14		34		54	
15		35		55	
16		36		56	
17		37		57	
18		38		58	
19		39		59	
20		40		60	

文 化 會 社 出 版 社
投 考 公 務 員 模 擬 試 題 王

基 本 法 測 試
模 擬 試 卷（十 一）

時間：二十分鐘

考生須知：

(一) 細讀答題紙上的指示。宣布開考後，考生須首先於適當位置貼上電腦
條碼及填上各項所需資料。宣布停筆後，考生不會獲得額外時間貼上
電腦條碼。

(二) 試場主任宣布開卷後，考生請檢查試題冊及確定試題冊內共十五條試
題。第十五條後會有「**全卷完**」的字眼。

(三) 本試卷各題佔分相等。

(四) **本試卷全部試題均須回答**。為便於修正答案，考生宜用 HB 鉛筆把答
案填畫在答題紙上。錯誤答案可用潔淨膠擦將筆痕徹底擦去。考生須
清楚填畫答案，否則會因答案未能被辨認而失分。

(五) 每題只可填畫**一個**答案。如填劃超過一個答案，該題將**不獲評分**。

(六) 答案錯誤，不另扣分。

(七) 未經許多，請勿打開試題冊。

1. 中華人民共和國香港特別行政區基本法起草委員會的功用是甚麼？
    (i) 起草《基本法》
    (ii) 解釋《基本法》
    (iii) 執行《基本法》
    A. (i)
    B. (ii)
    C. (iii)
    D. (i),(ii),(iii)

2. 在甚麼情況下，全國人民代表大會常務委員會在徵詢其所屬的香港特別
    行政區基本法委員會後，可將香港特別行政區立法機關制定的法律發
    回？
    (i) 如全國人民代表大會常務委員會認為該法律不符合《基本法》關於中
    央管理的事務的條款
    (ii) 如全國人民代表大會常務委員會認為該法律不符合《基本法》關於中
    央和香港特別行政區的關係的條款
    (iii) 如全國人民代表大會常務委員會認為該法律未諮詢香港特別行政區
    基本法委員會的意見
    A. (i),(ii)
    B. (i),(iii)
    C. (ii),(iii)
    D. (i),(ii),(iii)

3. 根據《基本法》第四條，香港特別行政區依法保障香港特別行政區居民
    和其他人的＿＿＿＿＿＿＿＿＿。
    A. 權利和財產
    B. 權利和自由
    C. 財產和自由
    D. 自由和義務

4. 香港特別行政區立法會是香港特別行政區的甚麼機關？
   A. 行政
   B. 立法
   C. 司法
   D. 審計

5. 香港特別行政區政府是香港特別行政區的甚麼機關？
   A. 行政
   B. 立法
   C. 司法
   D. 審計

6. 下列哪些人士屬香港特別行政區永久性居民？
   (i) 在香港特別行政區成立以後在香港出生的中國公民
   (ii) 在香港特別行政區成立以前在香港出生的中國公民
   (iii) 在香港特別行政區成立以後在香港通常居住連續七年以上的中國公民
   A. (i)
   B. (i),(ii)
   C. (ii),(iii)
   D. (i),(ii),(iii)

7. 根據《基本法》附件二，政府提出的法案，如獲得出席立法會會議的全體議員的＿＿＿＿＿＿票，即為通過。
   A. 過半數
   B. 三分之一
   C. 四分之一
   D. 五分之一

8. 香港特別行政區行政長官的職權包括提名並報請中央人民政府任命下列哪一位？
   A. 香港特別行政區法院的法官
   B. 警務處處長
   C. 行政會議召集人
   D. 立法會主席

9. 根據《基本法》，下列哪一類人士可以成為香港特別行政區的主要官員？
   A. 擁有大學或碩士學位的人士
   B. 通過綜合招聘考試及基本法測試的人士
   C. 由中央人民政府推薦的人士
   D. 在外國無居留權的香港特別行政區永久性居民中的中國公民

10. 除第一屆外，香港特別行政區立法會每屆任期為多久？
    A. 兩年
    B. 三年
    C. 四年
    D. 五年

11. 根據《基本法》，港幣的發行權屬於 ＿＿＿＿＿＿＿。
    A. 中央人民政府
    B. 香港特別行政區政府
    C. 中央人民政府和香港特別行政區政府
    D. 香港特別行政區政府，但需經中央批准

12. 獲香港特別行政區政府繼續承認在特別行政區成立以前已承認的專業團體，＿＿＿＿＿＿＿。
    A. 只可自行審核，不可頒授專業資格
    B. 不可自行審核，只可頒授專業資格
    C. 可自行審核和頒授專業資格
    D. 不可自行審核，亦不可頒授專業資格

13. 根據《基本法》，尚未同中華人民共和國建立正式外交關係的國家在香港設立的領事機構和其他官方機構，＿＿＿＿＿＿＿＿。

   A. 可予保留

   B. 可根據情況允許保留或改為半官方機構

   C. 改為民間機構

   D. 不得保留

14. 《基本法》的修改提案權屬於哪一個機構？

   (i) 最高人民法院

   (ii) 全國人民代表大會常務委員會、國務院和香港特別行政區

   (iii) 國務院和全國人民代表大會

   (iv) 香港特別行政區終審法院

   A. (i)

   B. (ii)

   C. (iii)

   D. (iv)

15. 根據《基本法》附件一規定，二零零七年以後各任行政長官的產生辦法如需修改，須經立法會全體議員三分之二多數通過，行政長官同意，並報全國人民代表大會常務委員會＿＿＿＿＿。

   A. 通過

   B. 同意

   C. 批准

   D. 備案

—全卷完—

CRE-BLT

文化會社出版社 **CULTURE CROSS LIMITED**

1	A B C D	21	A B C D	41	A B C D
2	A B C D	22	A B C D	42	A B C D
3	A B C D	23	A B C D	43	A B C D
4	A B C D	24	A B C D	44	A B C D
5	A B C D	25	A B C D	45	A B C D
6	A B C D	26	A B C D	46	A B C D
7	A B C D	27	A B C D	47	A B C D
8	A B C D	28	A B C D	48	A B C D
9	A B C D	29	A B C D	49	A B C D
10	A B C D	30	A B C D	50	A B C D
11	A B C D	31	A B C D	51	A B C D
12	A B C D	32	A B C D	52	A B C D
13	A B C D	33	A B C D	53	A B C D
14	A B C D	34	A B C D	54	A B C D
15	A B C D	35	A B C D	55	A B C D
16	A B C D	36	A B C D	56	A B C D
17	A B C D	37	A B C D	57	A B C D
18	A B C D	38	A B C D	58	A B C D
19	A B C D	39	A B C D	59	A B C D
20	A B C D	40	A B C D	60	A B C D

文化會社出版社
投考公務員 模擬試題王

基本法測試
模擬試卷（十二）

時間：二十分鐘

考生須知：

（一）細讀答題紙上的指示。宣布開考後，考生須首先於適當位置貼上電腦條碼及填上各項所需資料。宣布停筆後，考生不會獲得額外時間貼上電腦條碼。

（二）試場主任宣布開卷後，考生請檢查試題冊及確定試題冊內共十五條試題。第十五條後會有「**全卷完**」的字眼。

（三）本試卷各題佔分相等。

（四）**本試卷全部試題均須回答**。為便於修正答案，考生宜用HB鉛筆把答案填畫在答題紙上。錯誤答案可用潔淨膠擦將筆痕徹底擦去。考生須清楚填畫答案，否則會因答案未能被辨認而失分。

（五）每題只可填畫**一個**答案。如填劃超過一個答案，該題將**不獲評分**。

（六）答案錯誤，不另扣分。

（七）未經許多，請勿打開試題冊。

1. 「一國兩制」的構思是誰提出？
   A. 毛澤東
   B. 周恩來
   C. 鄧小平
   D. 江澤民

2. 根據《基本法》第三條，香港特別行政區的行政機關和立法機關，由甚麼人依照《基本法》有關規定組成？
   (i) 香港永久性居民
   (ii) 非永久性居民
   (iii) 非中國籍的人
   A. (i)
   B. (ii)
   C. (iii)
   D. (i),(ii),(iii)

3. 列入《基本法》附件三的由香港特別行政區在當地公布或立法實施的全國性法律，限於哪些類別？
   A. 限於有關國防、外交和其他按基本法規定不屬於香港特別行政區自治範圍的法律
   B. 限於有關行政、立法和其他按基本法規定不屬於香港特別行政區自治範圍的法律
   C. 限於有關行政、司法和其他按基本法規定不屬於香港特別行政區自治範圍的法律
   D. 限於有關司法、軍事和其他按基本法規定不屬於香港特別行政區自治範圍的法律

4. 香港特別行政區是中華人民共和國的一個享有高度自治權的地方行政區域，直轄於 _____ 。
   A. 全國人民代表大會
   B. 最高人民法院
   C. 中央人民政府
   D. 中國人民政治協商會議

5. 根據《基本法》，與香港特別行政區有關的外交事務由哪個機關負責管理？

A. 全國人民代表大會

B. 中央人民政府

C. 中國人民政治協商會議

D. 最高人民法院

6. 根據《基本法》第四十條，「新界」原居民的合法傳統權益_____。

A. 受立法會的保護

B. 須廢除重男輕女部份

C. 由鄉議局處理

D. 受香港特別行政區的保護

7. 根據《基本法》，香港居民享有下列哪些自由？

(i) 言論的自由

(ii) 出版的自由

(iii) 新聞的自由

A. (i),(ii)

B. (i),(iii)

C. (ii),(iii)

D. (i),(ii),(iii)

8. 根據《基本法》第九十九條，公務人員必須_____。

A. 盡忠職守，向中華人民共和國宣誓效忠

B. 廉潔自重，向香港特別行政區居民負責

C. 盡忠職守，對香港特別行政區政府負責

D. 廉潔自重，盡忠職守

9. 誰是香港特別行政區的首長，代表香港特別行政區？

A. 香港特別行政區行政長官

B. 香港特別行政區立法會主席

C. 香港特別行政區終審法院首席法官

D. 香港特別行政區行政會議召集人

10. 根據《基本法》的規定，原在香港實行的陪審制度的原則_____。
    A. 予以保留
    B. 經全國人民代表大會常務委員會修訂後，才可在香港特別行政區執行
    C. 經最高人民法院修訂後，才可在香港特別行政區執行
    D. 經中央人民政府修訂後，才可在香港特別行政區執行

11. 以下哪一項不是成為香港特別行政區立法會主席的條件？
    A. 年滿三十周歲
    B. 在香港通常居住連續滿二十年
    C. 在外國無居留權
    D. 香港特別行政區永久性居民的中國公民

12. 不涉及往返、經停中國內地而只往返、經停香港的定期航班，均由《基本法》第一百三十三條所指的甚麼協定或協議予以規定？
    (i) 民用航空運輸協定
    (ii) 臨時協議
    (iii) 軍用航空運輸協定
    A. (i),(ii)
    B. (i),(iii)
    C. (ii),(iii)
    D. (i),(ii),(iii)

13. 下列哪些政策由香港特別行政區政府自行制定？
    (i) 有關教育的發展和改進的政策
    (ii) 有關勞工的政策
    (iii) 體育政策
    A. (i),(ii)
    B. (i),(iii)
    C. (ii),(iii)
    D. (i),(ii),(iii)

14. 根據《基本法》第一百五十條，香港特別行政區政府的代表，可如何參加由中央人民政府進行的同香港特別行政區直接有關的外交談判？

A. 作為中華人民共和國政府代表團的成員

B. 中央人民政府授權香港特別行政區政府自行參加

C. 自行參加

D. 不可以參加

15. 根據《基本法》附件一，選舉委員會根據提名的名單，以甚麼方式投票選出行政長官候任人？

(i) 保密

(ii) 一人一票

(iii) 無記名

A. (i),(ii)

B. (i),(iii)

C. (ii),(iii)

D. (i),(ii),(iii)

—全卷完—

CRE-BLT

文化會社出版社 **CULTURE CROSS LIMITED**

答題紙 ANSWER SHEET

請在此貼上電腦條碼 Please stick the barcode label here

(1) 考生編號 Candidate No.

(2) 考生姓名 Name of Candidate

宜用 H.B. 鉛筆作答
You are advised to use H.B. Pencils

(3) 考生簽署 Signature of Candidate

考生須依照下圖所示填畫答案：

23 [A ▬B C D]

錯填答案可使用潔淨膠擦將筆痕徹底擦去。

切勿摺皺此答題紙

Mark your answer as follows:

23 [A ▬B C D]

Wrong marks should be completely erased with a clean rubber.

DO NOT FOLD THIS SHEET

1	A B C D
2	A B C D
3	A B C D
4	A B C D
5	A B C D
6	A B C D
7	A B C D
8	A B C D
9	A B C D
10	A B C D
11	A B C D
12	A B C D
13	A B C D
14	A B C D
15	A B C D
16	A B C D
17	A B C D
18	A B C D
19	A B C D
20	A B C D
21	A B C D
22	A B C D
23	A B C D
24	A B C D
25	A B C D
26	A B C D
27	A B C D
28	A B C D
29	A B C D
30	A B C D
31	A B C D
32	A B C D
33	A B C D
34	A B C D
35	A B C D
36	A B C D
37	A B C D
38	A B C D
39	A B C D
40	A B C D
41	A B C D
42	A B C D
43	A B C D
44	A B C D
45	A B C D
46	A B C D
47	A B C D
48	A B C D
49	A B C D
50	A B C D
51	A B C D
52	A B C D
53	A B C D
54	A B C D
55	A B C D
56	A B C D
57	A B C D
58	A B C D
59	A B C D
60	A B C D

文化會社出版社
投考公務員 模擬試題王

基本法測試
模擬試卷（十三）

時間：二十分鐘

考生須知：

（一）細讀答題紙上的指示。宣布開考後，考生須首先於適當位置貼上電腦條碼及填上各項所需資料。宣布停筆後，考生不會獲得額外時間貼上電腦條碼。

（二）試場主任宣布開卷後，考生請檢查試題冊及確定試題冊內共十五條試題。第十五條後會有「**全卷完**」的字眼。

（三）本試卷各題佔分相等。

（四）**本試卷全部試題均須回答**。為便於修正答案，考生宜用 HB 鉛筆把答案填畫在答題紙上。錯誤答案可用潔淨膠擦將筆痕徹底擦去。考生須清楚填畫答案，否則會因答案未能被辨認而失分。

（五）每題只可填畫**一個**答案。如填劃超過一個答案，該題將**不獲評分**。

（六）答案錯誤，不另扣分。

（七）未經許多，請勿打開試題冊。

1. **落實「一國兩制」有甚麼重要性？**
   A.「一國兩制」可作為經濟改革試金石
   B. 方便中英雙方向聯合國交代
   C. 可作為兩岸三通的樣板
   D. 可以保持香港特別行政區的繁榮和穩定

2. **從香港特別行政區境內土地和自然資源所獲得的收入，全數歸哪個機構支配？**
   A. 行政會議
   B. 立法會
   C. 香港金融管理局
   D. 香港特別行政區政府

3. **《基本法》第二十一條提到，根據全國人民代表大會確定的名額和代表產生辦法，由香港特別行政區居民中的 ＿＿＿＿＿＿＿＿ 在香港選出香港特別行政區的全國人民代表大會代表，參加最高國家權力機關的工作。**
   A. 中國公民
   B. 非永久性居民
   C. 永久性居民
   D. 非中國籍的人

4. **下列哪些香港特別行政區的事務由中央人民政府負責？**
   A. 財政及外交事務
   B. 財政和防務
   C. 外交事務及防務
   D. 外交事務及行政

5. **根據《基本法》的規定，香港特別行政區享有下列哪些權力？**
   (i) 立法權
   (ii) 軍事權
   (iii) 獨立的司法權和終審權
   A. (i),(ii)
   B. (i),(iii)
   C. (ii),(iii)
   D. (i),(ii),(iii)

6. 根據《基本法》第三十五條，在司法方面，香港居民可以享有哪些權利？

   (i) 得到秘密法律諮詢

   (ii) 向法院提起訴訟

   (iii) 依照法律程序對其他人的通訊進行檢查

   (iv) 選擇律師及時保護自己的合法權益

   A. (i),(ii),(iii)

   B. (i),(ii),(iv)

   C. (ii),(iii),(iv)

   D. (i),(ii),(iii),(iv)

7. 根據《基本法》第二十七條，香港居民享有下列哪些自由？

   (i) 絕食

   (ii) 集會

   (iii) 遊行

   (iv) 示威

   A. (i),(ii),(iii)

   B. (i),(ii),(iv)

   C. (ii),(iii),(iv)

   D. (i),(ii),(iii),(iv)

8. 香港特別行政區立法會通過的法案，須經誰簽署、公佈，方能生效？

   A. 立法會主席

   B. 終審法院首席法官

   C. 行政長官

   D. 行政會議召集人

9. 根據《基本法》第二十二條，下列哪些機構／組織不得干預香港特別
   行政區根據《基本法》自行管理的事務？

   (i) 中央人民政府所屬各部門

   (ii) 各省

   (iii) 各自治區

   (iv) 各直轄市

   A. (i),(ii),(iii)

   B. (i),(ii),(iv)

   C. (i),(iii),(iv)

   D. (i),(ii),(iii),(iv)

10. 香港特別行政區政府可參照原在香港實行的辦法，作出有關當地和外來的律師在香港特別行政區 _____ 的規定。

    (i) 工作

    (ii) 執業

    (iii) 審訊

    A. (i),(ii)

    B. (i),(iii)

    C. (ii),(iii)

    D. (i),(ii),(iii)

11. 任何列入《基本法》附件三的法律，限於哪幾類？

    (i) 有關國防的法律

    (ii) 有關外交的法律

    (iii) 有關禁止分裂國家的行為的法律

    (iv) 其他按《基本法》規定不屬於香港特別行政區自治範圍的法律

    A. (i),(ii),(iii)

    B. (i),(ii),(iv)

    C. (ii),(iii),(iv)

    D. (i),(ii),(iii),(iv)

12. 外國軍用船隻進入香港特別行政區 _____ 。

    A. 須經香港特別行政區政府海事處許可

    B. 須經香港特別行政區行政長官許可

    C. 須經中央人民政府特別許可

    D. 不須任何申請與申報

13. 香港特別行政區的 _____ 等方面的民間團體和宗教組織同內地相應的團體和組織的關係，應以互不隸屬、互不干涉和互相尊重的原則為基礎。

    (i) 教育

    (ii) 科學

    (iii) 技術

    (iv) 專業

    A. (i),(ii),(iii)

    B. (i),(iii),(iv)

    C. (ii),(iii),(iv)

    D. (i),(ii),(iii),(iv)

14. 根據《基本法》第一百五十二條，香港特別行政區政府可派遣代表作為中華人民共和國代表團的成員或以中央人民政府和相關的國際組織或國際會議允許的身份，參加下列哪些國際組織和國際會議？
    (i) 以地區為單位參加的、同香港特別行政區有關的、適當領域的
    (ii) 以國家為單位參加的、同香港特別行政區有關的、適當領域的
    (iii) 同香港特別行政區有關的、適當領域的
    (iv) 適當領域的
    A. (i)
    B. (ii)
    C. (iii)
    D. (iv)

15. 根據《基本法》附件一，選舉委員會各個界別的劃分，以及每個界別中何種組織可以產生選舉委員的名額，由香港特別行政區根據甚麼原則制定選舉法加以規定？
    (i) 民主
    (ii) 平等
    (iii) 開放
    A. (i),(ii)
    B. (i),(iii)
    C. (ii),(iii)
    D. (i),(ii),(iii)

—全卷完—

CRE-BLT

文化會社出版社 **CULTURE CROSS LIMITED**

答題紙 ANSWER SHEET

請在此貼上電腦條碼 Please stick the barcode label here

(1) 考生編號 Candidate No.

(2) 考生姓名 Name of Candidate

(3) 考生簽署 Signature of Candidate

宜用 H.B. 鉛筆作答
You are advised to use H.B. Pencils

考生須依照下圖所示填畫
答案：

23 A B C D

錯填答案可使用潔淨膠擦
將筆痕徹底擦去。

切勿摺皺此答題紙

Mark your answer as
follows:

23 A B C D

Wrong marks should be
completely erased with a
clean rubber.

DO NOT FOLD THIS SHEET

	A B C D		A B C D		A B C D
1		21		41	
2		22		42	
3		23		43	
4		24		44	
5		25		45	
6		26		46	
7		27		47	
8		28		48	
9		29		49	
10		30		50	
11		31		51	
12		32		52	
13		33		53	
14		34		54	
15		35		55	
16		36		56	
17		37		57	
18		38		58	
19		39		59	
20		40		60	

文化會社出版社
投考公務員　模擬試題王

基本法測試
模擬試卷（十四）

時間：二十分鐘

考生須知：

（一）細讀答題紙上的指示。宣布開考後，考生須首先於適當位置貼上電腦條碼及填上各項所需資料。宣布停筆後，考生不會獲得額外時間貼上電腦條碼。

（二）試場主任宣布開卷後，考生請檢查試題冊及確定試題冊內共十五條試題。第十五條後會有「**全卷完**」的字眼。

（三）本試卷各題佔分相等。

（四）**本試卷全部試題均須回答**。為便於修正答案，考生宜用 HB 鉛筆把答案填畫在答題紙上。錯誤答案可用潔淨膠擦將筆痕徹底擦去。考生須清楚填畫答案，否則會因答案未能被辨認而失分。

（五）每題只可填畫**一個**答案。如填劃超過一個答案，該題將**不獲評分**。

（六）答案錯誤，不另扣分。

（七）未經許多，請勿打開試題冊。

1. 根據《基本法》第五十六條，行政長官在下列哪些情況發生前須徵詢行政會議的意見？
   (i) 作出重要決策
   (ii) 向立法會提交法案
   (iii) 解散立法會
   (iv) 人事任免
   A. (i),(ii),(iii)
   B. (i),(iii),(iv)
   C. (ii),(iii),(iv)
   D. (i),(ii),(iii),(iv)

2. 根據《基本法》，香港特別行政區居民中的中國公民可以如何依法參與國家事務的管理？
   (i) 選出香港特別行政區基本法委員會的委員
   (ii) 選出中國人民政治協商會議全國委員會的香港委員
   (iii) 選出香港特別行政區的全國人民代表大會代表
   A. (i)
   B. (ii)
   C. (iii)
   D. (i),(ii),(iii)

3. 香港特別行政區的對外事務，由哪個機關授權香港特別行政區依照《基本法》自行處理？
   A. 中央人民政府
   B. 全國人民代表大會
   C. 中國人民政治協商會議
   D. 最高人民法院

4. 根據《基本法》第二十三條，香港特別行政區政府應自行立法84禁止下列哪些行為？
   (i) 叛國
   (ii) 分裂國家
   (iii) 煽動叛亂
   (iv) 竊取國家機密

A. (i),(ii),(iii)

B. (i),(ii),(iv)

C. (ii),(iii),(iv)

D. (i),(ii),(iii),(iv)

5. 中央人民政府派駐香港的軍隊的駐軍費用由 ＿＿＿＿＿＿＿＿ 負擔。

A. 香港特別行政區政府

B. 中央人民政府與香港特別行政區政府

C. 中國人民解放軍駐香港部隊

D. 中央人民政府

6. 根據《基本法》，香港居民在法律方面享有下列哪些權益？

(i) 在法律面前一律平等

(ii) 得到秘密法律諮詢

(iii) 向法院提起訴訟

A. (i),(ii)

B. (i),(iii)

C. (ii),(iii)

D. (i),(ii),(iii)

7. 根據《基本法》，下列哪項關於香港居民的婚姻自由和生育權利的論述是正確的？

(i) 香港居民自願生育的權利受法律保護

(ii) 香港居民選擇胎兒性別的權利受法律保護

(iii) 香港居民的婚姻自由受法律保護

A. (i),(ii)

B. (i),(iii)

C. (ii),(iii)

D. (i),(ii),(iii)

8. 《基本法》第一百三十二條第一款規定，凡涉及中華人民共和國其他地區同其他國家和地區的往返並經停香港特別行政區的航班，和涉及香港特別行政區同其他國家和地區的往返並經停中華人民共和國其他地區航班的民用航空運輸協定，由中央人民政府簽訂。中央人民政府在同外國政府商談有關的安排時，香港特別行政區政府的代表可如何參與？
   A. 以單獨身份派代表參加
   B. 作為中華人民共和國政府代表團的成員參加
   C. 以觀察員身份參加
   D. 不可參加

9. 根據《基本法》第八十七條，任何人在被合法拘捕後，享有甚麼權利？
   A. 盡早接受司法機關公正審判
   B. 自由出入境
   C. 上訴
   D. 取得免費法律意見

10. 行政長官可以委任哪些人為香港特別行政區行政會議的成員？
    (i) 行政機關的主要官員
    (ii) 立法會議員
    (iii) 終審法院法官
    (iv) 社會人士
    A. (i),(ii),(iii)
    B. (i),(ii),(iv)
    C. (ii),(iii),(iv)
    D. (i),(ii),(iii),(iv)

11. 香港特別行政區行政長官依照《基本法》的規定對哪個機關負責？
    A. 全國人民代表大會和香港特別行政區
    B. 中央人民政府和香港特別行政區
    C. 全國人民代表大會和香港特別行政區立法會
    D. 中央人民政府和香港特別行政區終審法院

12. 根據《基本法》第一百一十二條，下列哪些香港特別行政區的市場繼續開放？
(i) 外匯
(ii) 黃金
(iii) 期貨
(iv) 石油
A. (i),(ii),(iii)
B. (i),(iii),(iv)
C. (ii),(iii),(iv)
D. (i),(ii),(iii),(iv)

13. 根據《基本法》第一百四十一條，香港特別行政區的宗教組織可按原有辦法繼續興辦甚麼？
(i) 宗教院校、其他學校
(ii) 醫院
(iii) 福利機構
A. (i),(ii)
B. (i),(iii)
C. (ii),(iii)
D. (i),(ii),(iii)

14. 根據《基本法》的規定，社會團體和私人可依法在香港特別行政區_____。
(i) 興辦各種教育事業
(ii) 確定適用於香港的各類科學、技術標準和規格
(iii) 提供各種醫療衛生服務
A. (i),(ii)
B. (i),(iii)
C. (ii),(iii)
D. (i),(ii),(iii)

15. 香港特別行政區可以甚麼名義參加不以國家為單位參加的國際組織和國際會議？
A. 中國香港特區
B. 中國香港
C. 香港特別行政區
D. 中華人民共和國香港

—全卷完—

CRE-BLT

文化會社出版社 **CULTURE CROSS LIMITED**

答題紙 ANSWER SHEET

請在此貼上電腦條碼 Please stick the barcode label here

宜用 H.B. 鉛筆作答
You are advised to use H.B. Pencils

考生須依照下圖所示填畫答案：

23 A B C D

錯填答案可使用潔淨膠擦將筆痕徹底擦去。

切勿摺皺此答題紙

Mark your answer as follows:

23 A B C D

Wrong marks should be completely erased with a clean rubber.

DO NOT FOLD THIS SHEET

1	A B C D	21	A B C D	41	A B C D
2	A B C D	22	A B C D	42	A B C D
3	A B C D	23	A B C D	43	A B C D
4	A B C D	24	A B C D	44	A B C D
5	A B C D	25	A B C D	45	A B C D
6	A B C D	26	A B C D	46	A B C D
7	A B C D	27	A B C D	47	A B C D
8	A B C D	28	A B C D	48	A B C D
9	A B C D	29	A B C D	49	A B C D
10	A B C D	30	A B C D	50	A B C D
11	A B C D	31	A B C D	51	A B C D
12	A B C D	32	A B C D	52	A B C D
13	A B C D	33	A B C D	53	A B C D
14	A B C D	34	A B C D	54	A B C D
15	A B C D	35	A B C D	55	A B C D
16	A B C D	36	A B C D	56	A B C D
17	A B C D	37	A B C D	57	A B C D
18	A B C D	38	A B C D	58	A B C D
19	A B C D	39	A B C D	59	A B C D
20	A B C D	40	A B C D	60	A B C D

文化會社出版社
投考公務員 模擬試題王

基本法測試
模擬試卷（十五）

時間：二十分鐘

考生須知：

（一）細讀答題紙上的指示。宣布開考後，考生須首先於適當位置貼上電腦條碼及填上各項所需資料。宣布停筆後，考生不會獲得額外時間貼上電腦條碼。

（二）試場主任宣布開卷後，考生請檢查試題冊及確定試題冊內共十五條試題。第十五條後會有「**全卷完**」的字眼。

（三）本試卷各題佔分相等。

（四）**本試卷全部試題均須回答**。為便於修正答案，考生宜用 HB 鉛筆把答案填畫在答題紙上。錯誤答案可用潔淨膠擦將筆痕徹底擦去。考生須清楚填畫答案，否則會因答案未能被辨認而失分。

（五）每題只可填畫**一個**答案。如填劃超過一個答案，該題將**不獲評分**。

（六）答案錯誤，不另扣分。

（七）未經許多，請勿打開試題冊。

1. 根據《基本法》，香港特別行政區立法會議員如有下列哪些情況，由立法會主席宣告其喪失立法會議員的資格？
   (i) 因嚴重疾病或其他情況無力履行職務
   (ii) 連續三個月不出席會議
   (iii) 喪失或放棄香港特別行政區永久性居民的身份
   (iv) 接受政府的委任而出任公務人員
   A. (i),(ii),(iii)
   B. (i),(iii),(iv)
   C. (ii),(iii),(iv)
   D. (i),(ii),(iii),(iv)

2. 香港原有法律包括下列哪幾項？
   (i) 普通法
   (ii) 條例
   (iii) 衡平法
   (iv) 附屬立法
   (v) 習慣法
   A. (i),(ii),(iii),(iv)
   B. (i),(iii),(iv),(v)
   C. (ii),(iii),(iv),(v)
   D. (i),(ii),(iii),(iv),(v)

3. 根據《基本法》第二十三條，香港特別行政區政府應_____禁止任何叛國、分裂國家、煽動叛亂、顛覆中央人民政府及竊取國家機密的行為，禁止外國的政治性組織或團體在香港特別行政區進行政治活動，禁止香港特別行政區的政治性組織或團體與外國的政治性組織或團體建立聯繫。
   A. 儘快立法
   B. 自行立法
   C. 徵詢終審法院後立法
   D. 徵詢中央人民政府後立法

4. 根據《基本法》，香港特別行政區政府在必要時，可向 _____
請求駐軍協助維持社會治安和救助災害。

A. 中國人民政治協商會議

B. 中央人民政府

C. 全國人民代表大會

D. 最高人民法院

5. 根據《基本法》，香港特別行政區享有 _____，依照《基本法》
的有關規定自行處理香港特別行政區的行政事務。

A. 行政自主權

B. 行政管理權

C. 行政獨立權

D. 行政豁免權

6. 根據《基本法》第三十六條，以下哪些香港居民的權利受到法律保
護？

(i) 勞工的退休保障

(ii) 勞工的福利待遇

(iii) 勞工的晉升機會

A. (i),(ii)

B. (i),(iii)

C. (ii),(iii)

D. (i),(ii),(iii)

7. 根據《基本法》第三十四條，香港居民享有下列哪些自由？

(i) 進行學術研究

(ii) 進行文學藝術創作

(iii) 進行其他文化活動

A. (i),(ii)

B. (i),(iii)

C. (ii),(iii)

D. (i),(ii),(iii)

8. 根據《基本法》第四十七條規定，行政長官就任時應向誰申報財產，記錄在案？

   A. 立法會主席

   B. 審計署署長

   C. 廉政專員

   D. 終審法院首席法官

9. 《基本法》內沒有明確要求以下哪一名官員須由在外國無居留權的香港特別行政區永久性居民中的中國公民擔任？

   A. 審計署署長

   B. 海關關長

   C. 消防處處長

   D. 廉政專員

10. 在香港特別行政區政府各部門任職的公務人員必須是

    A. 香港特別行政區居民

    B. 香港特別行政區永久性居民

    C. 香港特別行政區永久性居民中的中國公民

    D. 在外國無居留權的香港特別行政區永久性居民中的中國公民

11. 根據《基本法》第八十七條，下列哪一項是正確的？任何人在被合法拘捕後，未經司法機關判罪之前，

    A. 均假定無辜

    B. 均假定無罪

    C. 均假定無知

    D. 均假定無犯罪動機

12. 在稅收方面，香港特別行政區自行立法規定 _____ 。

    (i) 稅種

    (ii) 稅率

    (iii) 稅收寬免

    (iv) 上繳中央的稅收

    A. (i),(ii),(iii)

    B. (i),(iii),(iv)

    C. (ii),(iii),(iv)

    D. (i),(ii),(iii),(iv)

13. 根據《基本法》第一百四十八條，香港特別行政區的 _____ 等方面的民間團體和宗教組織同內地相應的團體和組織的關係，應以互不隸屬、互不干涉和互相尊重的原則為基礎？

(i) 勞工

(ii) 社會福利

(iii) 社會工作

(iv) 治安

A. (i),(ii),(iii)

B. (i),(iii),(iv)

C. (ii),(iii),(iv)

D. (i),(ii),(iii),(iv)

14. 回歸後，香港的各類科學、技術標準和規格怎樣制定？

A. 由香港特別行政區政府自行確定

B. 由中央人民政府確定

C. 由香港特別行政區政府和中央人民政府共同協商後再確定

D. 由相關科學、技術團體提出，經中央人民政府審批後確定

15. 中華人民共和國尚未參加但在回歸前已適用於香港的國際協議會如何處理？

A. 可繼續適用於香港

B. 會自動失效

C. 在中華人民共和國參加後適用於香港

D. 香港需重新參加

—全卷完—

CRE-BLT

文化會社出版社 **CULTURE CROSS LIMITED**

答題紙 ANSWER SHEET

請在此貼上電腦條碼 Please stick the barcode label here

(1) 考生編號 Candidate No.

(2) 考生姓名 Name of Candidate

宜用 H.B. 鉛筆作答
You are advised to use H.B. Pencils

(3) 考生簽署 Signature of Candidate

考生須依照下圖所示填畫答案：

23 A B C D

錯填答案可使用潔淨膠擦將筆痕徹底擦去。

切勿摺皺此答題紙

Mark your answer as follows:

23 A B C D

Wrong marks should be completely erased with a clean rubber.

DO NOT FOLD THIS SHEET

1	A B C D	21	A B C D	41	A B C D
2	A B C D	22	A B C D	42	A B C D
3	A B C D	23	A B C D	43	A B C D
4	A B C D	24	A B C D	44	A B C D
5	A B C D	25	A B C D	45	A B C D
6	A B C D	26	A B C D	46	A B C D
7	A B C D	27	A B C D	47	A B C D
8	A B C D	28	A B C D	48	A B C D
9	A B C D	29	A B C D	49	A B C D
10	A B C D	30	A B C D	50	A B C D
11	A B C D	31	A B C D	51	A B C D
12	A B C D	32	A B C D	52	A B C D
13	A B C D	33	A B C D	53	A B C D
14	A B C D	34	A B C D	54	A B C D
15	A B C D	35	A B C D	55	A B C D
16	A B C D	36	A B C D	56	A B C D
17	A B C D	37	A B C D	57	A B C D
18	A B C D	38	A B C D	58	A B C D
19	A B C D	39	A B C D	59	A B C D
20	A B C D	40	A B C D	60	A B C D

文化會社出版社

投考公務員 模擬試題王

基本法測試
模擬試卷（十六）

時間：二十分鐘

考生須知：

(一) 細讀答題紙上的指示。宣布開考後，考生須首先於適當位置貼上電腦條碼及填上各項所需資料。宣布停筆後，考生不會獲得額外時間貼上電腦條碼。

(二) 試場主任宣布開卷後，考生請檢查試題冊及確定試題冊內共十五條試題。第十五條後會有「**全卷完**」的字眼。

(三) 本試卷各題佔分相等。

(四) **本試卷全部試題均須回答**。為便於修正答案，考生宜用HB鉛筆把答案填畫在答題紙上。錯誤答案可用潔淨膠擦將筆痕徹底擦去。考生須清楚填畫答案，否則會因答案未能被辨認而失分。

(五) 每題只可填畫**一個**答案。如填劃超過一個答案，該題將**不獲評分**。

(六) 答案錯誤，不另扣分。

(七) 未經許多，請勿打開試題冊。

1. 香港特別行政區的制度和有關政策，均以哪一份文件的規定為依據？
   A.《中華人民共和國憲法》
   B.《香港人權法案條例》
   C.《中華人民共和國香港特別行政區基本法》
   D.《中華人民共和國政府和大不列顛及北愛爾蘭聯合王國政府關於香港問題的聯合聲明》

2. 根據《基本法》，香港特別行政區境內的土地和自然資源可以由香港特別行政區政府負責批給下列哪些單位使用或開發？
   (i) 個人
   (ii) 法人
   (iii) 團體
   A. (i),(ii)
   B. (i),(iii)
   C. (ii),(iii)
   D. (i),(ii),(iii)

3. 根據《基本法》第十九條，香港特別行政區法院對 ＿＿＿＿＿＿＿ 等國家行為無管轄權。
   A. 土地契約、國防
   B. 關稅、外交
   C. 國防、外交
   D. 機場管理、國防

4. 根據《基本法》，以下哪些是只有香港特別行政區永久性居民可依法享有而非永久性居民是不能享有的？
   (i) 居留權
   (ii) 選舉權
   (iii) 對行政部門和行政人員的行為向法院提起訴訟
   (iv) 被選舉權
   A. (i),(ii),(iii)
   B. (i),(ii),(iv)
   C. (i),(iii),(iv)
   D. (i),(ii),(iii),(iv)

5. 香港特別行政區居民，簡稱香港居民，包括：
   (i) 永久性居民
   (ii) 半永久性居民
   (iii) 非永久性居民
   A. (i)
   B. (i),(ii)
   C. (i),(iii)
   D. (ii),(iii)

6. 根據《基本法》第四十五條，行政長官產生的具體辦法由甚麼規定？
   A.《中華人民共和國憲法》
   B. 香港特別行政區基本法委員會
   C.《基本法》附件一《香港特別行政區行政長官的產生辦法》
   D. 香港特別行政區終審法院

7. 行政長官的產生辦法根據香港特別行政區的實際情況和
   _____的原則而規定，最終達至由一個有廣泛代表性的提名
   委員會按民主程序提名後普選產生的目標。
   A. 普及而平等
   B. 公平和法治
   C. 廣泛民意基礎
   D. 循序漸進

8. 除招聘、僱用和考核制度外，下列原有關於公務人員的制度，《基本
   法》也予以保留，包括：
   (i) 紀律
   (ii) 培訓
   (iii) 管理
   A. (i),(ii)
   B. (i),(iii)
   C. (ii),(iii)
   D. (i),(ii),(iii)

9. 根據《基本法》，在甚麼情況下香港特別行政區行政長官必須辭職？
   A. 中央人民政府覺得其領導不力
   B. 因嚴重疾病或其他原因無力履行職務
   C. 百分之五十市民向立法會提出對行政長官的彈劾
   D. 行政長官在任期內本地生產總值連續三年下降

10. 根據《基本法》第一百二十三條的規定，香港特別行政區成立以後滿期而沒有續期權利的土地契約，應如何處理？
    A. 由中央人民政府按需要處理
    B. 由香港特別行政區自行制定法律和政策處理
    C. 由終審法院按普通法原則處理
    D. 由發展局成立專案小組處理

11. 香港特別行政區立法機關制定的任何法津，均不得同《基本法》
    ＿＿＿＿＿＿＿。
    A. 相同
    B. 相抵觸
    C. 相似
    D. 不相似

12. 根據《基本法》的規定，香港特別行政區政府可自行制定甚麼政策？
    (i) 發展中西醫藥和促進醫療衛生服務的政策
    (ii) 科學技術政策
    (iii) 文化政策
    A. (i),(ii)
    B. (i),(iii)
    C. (ii),(iii)
    D. (i),(ii),(iii)

13. 香港特別行政區的教育、科學、技術、文化、藝術、體育、專業、醫療衛生、勞工、社會福利、社會工作等方面的民間團體和宗教組織可根據需要冠用甚麼的名義,參與同世界各國、各地區及國際的有關團體和組織的有關活動?
    A. 中國香港特區
    B. 中國香港
    C. 香港特別行政區
    D. 中華人民共和國香港

14. 根據《基本法》第一百五十一條,香港特別行政區可在下列哪些領域,以「中國香港」的名義,單獨地同世界各國、各地區及有關國際組織保持和發展關係,簽訂和履行有關協議?
    (i) 通訊
    (ii) 防務
    (iii) 旅遊
    (iv) 體育
    A. (i),(ii),(iii)
    B. (i),(iii),(iv)
    C. (ii),(iii),(iv)
    D. (i),(ii),(iii),(iv)

15. 香港特別行政區政府可對下列哪些出入境事宜進行管制?
    (i) 入境
    (ii) 逗留
    (iii) 離境
    A. (i),(ii)
    B. (i),(iii)
    C. (ii),(iii)
    D. (i),(ii),(iii)

—全卷完—

PART THREE
《基本法》模擬試卷答案

模擬試卷（一）答案：

1. D
2. D
3. A
4. D
5. A
6. D
7. B
8. B
9. B
10. A
11. A
12. A
13. D
14. C
15. A

模擬試卷（二）答案：

1. C
2. B
3. C
4. C
5. D
6. B
7. C
8. B
9. B
10. A
11. C
12. C
13. A
14. D
15. A

模擬試卷（三）答案：

1. B
2. D
3. D
4. B
5. C
6. D
7. C
8. A
9. B
10. C
11. D
12. B
13. B
14. A
15. A

模擬試卷（四）答案：

1. C
2. A
3. D
4. A
5. A
6. D
7. A
8. B
9. C
10. A
11. D
12. D
13. A
14. D
15. B

模擬試卷（五）答案：

1. C
2. B
3. B
4. C
5. D
6. D
7. B
8. A
9. A
10. A
11. B
12. B
13. C
14. D
15. A

模擬試卷（六）答案：

1. A
2. A
3. D
4. A
5. A
6. D
7. D
8. D
9. B
10. D
11. A
12. A
13. A
14. D
15. C

模擬試卷（七）答案：

1. D
2. C
3. D
4. C
5. D
6. B
7. B
8. B
9. D
10. D
11. A
12. C
13. D
14. B
15. A

模擬試卷（八）答案：

1. A
2. D
3. C
4. D
5. D
6. D
7. C
8. A
9. D
10. A
11. C
12. B
13. C
14. D
15. A

模擬試卷（九）答案：

1. D
2. B
3. D
4. A
5. A
6. B
7. D
8. A
9. B
10. D
11. D
12. D
13. A
14. A
15. D

模擬試卷（十一）答案：

1. A
2. A
3. B
4. B
5. A
6. D
7. A
8. B
9. D
10. C
11. B
12. C
13. B
14. B
15. C

模擬試卷（十）答案：

1. C
2. D
3. B
4. B
5. A
6. C
7. A
8. C
9. A
10. A
11. B
12. D
13. A
14. B
15. A

模擬試卷（十二）答案：

1. C
2. A
3. A
4. C
5. B
6. D
7. D
8. C
9. A
10. A
11. A
12. A
13. D
14. A
15. C

模擬試卷（十三）答案：

1. D
2. D
3. A
4. C
5. B
6. B
7. C
8. C
9. D
10. A
11. B
12. C
13. D
14. B
15. B

模擬試卷（十四）答案：

1. A
2. C
3. A
4. D
5. D
6. D
7. B
8. B
9. A
10. B
11. B
12. A
13. D
14. B
15. B

模擬試卷（十五）答案：

1. B
2. D
3. B
4. B
5. B
6. A
7. D
8. D
9. C
10. B
11. B
12. A
13. A
14. A
15. A

模擬試卷（十六）答案：

1. C
2. D
3. C
4. B
5. C
6. C
7. D
8. D
9. B
10. B
11. B
12. D
13. B
14. B
15. D

模擬試卷答案
PART THREE

看得喜 放不低

創出喜閱新思維

書名	《投考公務員 基本法測試模擬試卷精讀》Basic Law Test: Mock Paper
ISBN	978-988-78874-9-2
定價	HK$88
出版日期	2019 年 4 月
作者	Fong Sir
責任編輯	文化會社公務員系列編輯部
版面設計	方文俊
出版	文化會社有限公司
電郵	editor@culturecross.com
網址	www.culturecross.com
發行	香港聯合書刊物流有限公司
	地址：香港新界大埔汀麗路 36 號中華商務印刷大廈 3 樓
	電話：（852）2150 2100
	傳真：（852）2407 3062